U0313114

Simon Monk
Programming the Raspberry Pi: Getting Started with Python
0-07-180783-7

北京市版权局著作权合同登记号：01-2013-2614

Raspberry Pi Python编程入门

〔英〕Simon Monk 著

姜斐祚 译

科学出版社

北京

图字：01-2013-2614号

内容简介

本书以创客的视角介绍Raspberry Pi（树莓派）及其主流编程语言Python，用大量贴近工作和生活的实例引导读者快速用Python给Raspberry Pi编程，以及利用GPIO接口开发轮式机器人这样的硬件项目。

本书配有专门的在线资源，读者可免费下载书中所有例子的代码。

本书非常适合作为广大Raspberry Pi爱好者的入门书，也适合高等院校计算机及电子信息相关专业师生选读。

图书在版编目（CIP）数据

Raspberry Pi Python编程入门 /（英）Simon Monk著；姜斐祚译. —北京：科学出版社，2014.2（2019.1重印）

书名原文：Programming the Raspberry Pi:Getting Started with Python

ISBN 978-7-03-039326-5

Ⅰ.R… Ⅱ.①S… ②姜… Ⅲ.软件工具-程序设计 Ⅳ.TP311.56

中国版本图书馆CIP数据核字（2013）第300821号

责任编辑：喻永光 杨 凯 / 责任制作：魏 谨

责任印制：徐晓晨 / 封面设计：李 力

北京东方科龙图文有限公司 制作

http://www.okbook.com.cn

科 学 出 版 社 出版

北京东黄城根北街16号

邮政编码：100717

http://www.sciencep.com

北京虎彩文化传播有限公司 印刷

科学出版社发行 各地新华书店经销

*

2014年2月第 一 版 开本：A5（890×1240）

2019年1月第三次印刷 印张：6 1/2

字数：190 000

定价：38.00元

（如有印装质量问题，我社负责调换）

致　谢

一直以来，多亏有Linda的耐心与支持，我才能走到今天。

感谢 Andrew Robinson 和我的儿子——Matthew Monk，本书中许多技术上的可用性与实用性的验证都是由他们来完成的。大家也可以看一下 Andrew 所著的 *Raspberry Pi Projects* 一书，这本书也非常有趣。

感谢麦格劳 - 希尔集团耐心支持我的同事们，如非常棒的编辑 Roger Stewart。还有，Vastavikta Sharma 与 Patty Mon 出色的项目管理让我敬佩。总体而言，与这样的团队合作，我感觉非常幸福与快乐。

推荐序

在我看来，Python是一门语法简洁、面向对象，带有动态语义的解释型高级程序语言。通过研究Raspberry Pi，我深刻体会到了Python的“优美”。“优”体现在其具有强大、丰富的类库，支持跨平台；“美”体现在代码在很大程度上用的是可读性“英语”，编程时能够保持自己的风格，几乎不费什么劲就可以实现自己想要的功能。除此之外，它能够轻松地把用其他语言制作的各种模块（尤其是C/C++）轻松地连接在一起，因此也称“胶水语言”。

纵览国内现有的几本解读Raspberry Pi的中文书籍，系统全面讲解Python语言并结合硬件做应用案例的并不多。本书从Raspberry Pi和Python基础展开，逐渐深入。如果你是一位完全不懂软硬件的初学者，可以从头开始通读，前两章从介绍Raspberry Pi硬件和Linux系统入手，较为基础；如果你对Raspberry Pi有一定了解，想深入学习Python语言，可以直接从第3章开始，边学边做；对于有一定经验的程序员，相信最后几章的实例项目也会让你大有所获。尤其第11章的RaspiRobot机器人，这是本书独有的特色项目。

本书示例代码可以通过作者的网站获取，本人也会在“爱上Raspberry Pi”大制作网站（http://www.iraspberrypi.com）发布一些扩展案例，大家互动分享，共同学习。

奥松机器人创始人、资深创客　于欣龙

前　言

Raspberry Pi 迅速风靡全球，人们慢慢地被这种售价仅 35 美元的微型计算机吸引，Raspberry Pi 几乎可以被用在任何方面——从桌面工作站到媒体播放中心，再到智能家居。

本书通俗易懂，不论是完全没有接触过编程的初学者，还是刚刚接触 Raspberry Pi 的专业开发人员，通过阅读本书，都可以迅速了解如何用当下最流行的语言 Python 给 Raspberry Pi 编程。本书不仅对构建图形用户界面进行阐述，并且对使用 Pygame 模块编写简单的游戏也做了一些基本介绍。

在本书里，最常用到的软件是 Python 3，当然，在一些模块的限制下，偶尔会用到 Python 2。另外，本书通篇所采用的系统是 Raspberry Pi 基金会推荐的 Raspbian Wheezy 发行版。

本书以介绍 Raspberry Pi 为引，也包含购买必备配件和基本设置。接下来，如果读者按部就班阅读本书的话，那么在正文中会看到一些关于编程的介绍，所有的概念性学术用语都尽量用一些简单的程序和插图来表述。我想，这样读者能够更加容易走上 Raspberry Pi 编程之路。

最后三章主要讲解如何使用 Raspberry Pi 的 GPIO 接口并为其编程。GPIO 口的主要用途就是扩展或者外接一些其他的电子设备及元器件。这三章还包含了两个有趣的小制作，一个是制作一个 LED 时钟，另一个是用 Raspberry Pi 控制机器人——装备了超声波测距仪。

本书的主要内容：

- Python 的数字、变量及其他基本概念；
- 字符串、列表、字典及其他 Python 数据结构；
- 模块与面向对象；
- 文件与互联网；
- 使用 Tkinter 图形用户界面；
- 用 Pygame 编写游戏；
- 通过 GPIO 口与其他硬件连接；
- 简单的硬件制作。

书中所列举的所有代码都可以从 *http://www.raspberrypi-book.com* 下载。另外，在这个网站上，读者同样可以找到其他的一些与本书相关的资料，如勘误表等。

目　录

第1章　入门浅尝

第2章　小试牛刀

第3章　Python 基础

第4章　字符串、列表与字典

第5章　模块、类和方法

第6章　文件与互联网

第7章 图形用户界面

第8章 游戏编程

第9章 连接硬件

第 10 章　原型项目（时钟）

第 11 章　Raspi Robot 机器人

第 12 章　学习资源与应用方向

第 1 章

入门浅尝

Introduction

Raspberry Pi 在 2012 年 2 月正式开始销售，在开始销售的瞬间，供应商所提供的下单网站因下单者过多迅速瘫痪。究竟是怎么样的一种魔力让这个小物品创造了这样的一种奇迹呢？下面，就让我们揭开它神秘的面纱。

什么是 Raspberry Pi？

Raspberry Pi 就是图 1.1 所展示的小电路板，别看它只有名片大小，却能够运行 Linux 操作系统。Raspberry Pi 拥有 USB 接口，可以连接键盘和鼠标。此外，还包含 HDMI（高清多媒体接口）视频输出接口，可以连接电视机或者显示器。很多显示器只有 VGA 接口，但是 Raspberry Pi 不支持这种接口。如果显示器有 DVI 接口，便宜的 HDMI 转 DVI 转换器倒是适用。

图1.1　Raspberry Pi

Raspberry Pi 启动之后，你将会看到如图 1.2 所示的 Linux 桌面环境。Raspberry Pi 相当实用，因为其整合了办公套件、视频播放、游戏等很多功能。它选用的不是微软的 Windows 系统，而是 Windows 的一个强有力的竞争对手——开源 Linux 系统（Debian Linux），它所选用的桌面环境被称为 LXDE。

图 1.2 Raspberry Pi 桌面

Raspberry Pi 小巧（一张信用卡大小），性价比超高（最便宜的仅为 25 美元），也许就是因为低价的原因，所以很多部件及一些其他可供选择的东西都没有包含在板子里。例如，Raspberry Pi 甚至都没有外壳，这意味着它只是裸板。同样，也不配送电源，所以需要自己去配备 5V 的 Micro-USB 电源。一般来说，手机常常用这种电源充电（但是 Raspberry Pi 所需的电流可能会比一般手机充电器所能提供的要大）。一个 USB 电源加一根 Micro-USB 线就是一个不错的供电组合。

用 Raspberry Pi 能做什么?

就像其他任何一台运行 Linux 系统的台式计算机或者便携式计算机那样，利用 Raspberry Pi 可以做很多事情。当然，也难免有一点点不同。普通的计算机主板都是依靠硬盘来存储数据，但是 Raspberry Pi 使用 SD 卡作为“硬盘”，你也可以外接 USB 硬盘。利用 Raspberry Pi 可以编辑 Office 文档、浏览网页、玩游戏——即使玩需要强大的图形加速器支持的游戏也没有问题，如《雷神之锤》（*Quake*）。

Raspberry Pi 的低价意味着其用途更加广泛，将其打造成卓越的媒体中心也是一个不错的选择。利用 Raspberry Pi 可以播放视频，甚至可以通过电视机的 USB 接口供电。

Raspberry Pi 之旅

图 1.3 标示了 Raspberry Pi 的各个部分。这张图展示的是 B 型 Raspberry Pi。B 型在视觉效果上与 A 型明显不同，因为 B 型比 A 型多了 RJ-45 网络接口，可以直接通过网线连接网络。

RJ-45 网络接口位于图 1.3 中左上角的位置。如果方便，可以直接把 Raspberry Pi 连接到网络。但是，Raspberry Pi 没有内置的 WiFi 模块，所以，如果想用无线网络，需要外接 USB 无线网卡，而且可能还需要给网卡安装驱动。

网络接口下方是一对 USB 接口，呈上下层排列，可用来连接鼠标、键盘或者移动硬盘。如果使用过程中需要更多的 USB 接口，可以使用 USB 集线器多扩展几个 USB 接口。

图1.3 Raspberry Pi的结构

图 1.3 中的左下角是音频接口。该音频接口只能输出模拟信号，用于耳机或者外接音箱。另外，HDMI 接口同样可以输出音频。

紧挨着音频接口的是 RCA 视频接口。除非你想把 Raspberry Pi 与老式电视机连接起来，否则最好还是不要用 RCA 视频接口。如果你的电视机具备 HDMI 接口，则更建议使用 RCA 接口对面的 HDMI 接口连接 Raspberry Pi，HDMI 接口位于图 1.3 上端。HDMI 接口可以提供更清晰的画面与声音。另外，如果显示器上只有 DVI 接口，也可以使用 HDMI 转 DVI 转换器，这种转换器通常很便宜。

RCA 接口右边是两排排针，这两排排针叫做 GPIO（General Purpose Input/Output）接口，利用 GPIO 接口可以把 Raspberry Pi 与一些电子小制作连接起来。喜欢玩 Arduino 或者其他的控制板的用户应该对 GPIO 接口并不感到陌生。第 11 章中我们将会使用

GPIO 接口把 Raspberry Pi 与制作的“漫步者”机器人相连接，将 Raspberry Pi 当做机器人的“大脑”，控制机器人的电动机。在第 10 章，我们会用 Raspberry Pi 制作一个 LED 时钟。

将板子翻过来，在 Raspberry Pi 反面可看到一个 SD 卡槽。这里需要说明的是，插在这个卡槽里的卡，容量至少为 2GB。因为 Raspberry Pi 的操作系统以及文件系统会存储在这张 SD 卡里，所有你创建的文件、编写的程序以及安装的软件，都会存储在这张卡里。购买 Raspberry Pi 时，需要单独买 SD 卡。你可能刚刚接触 Raspberry Pi，自己在 SD 卡安装一套系统还是有一点麻烦的，所以，也可以在 SK Pang、Farnell 和 RS Components 上购买已经装好系统的 SD 卡。由于 Raspberry Pi 没有内置硬盘，所以 SD 卡就显得尤为重要，因为它对于 Raspberry Pi 来说就是硬盘。这里再强调一下，你做过的所有操作和编辑保存的文档都存在这张 SD 卡里。

在 SD 卡插槽上面的是 Micro-USB 接口，这个接口只能用来供电，不能传输数据，所以，还需要准备一个有 Micro-USB 接口的电源。一般来说，这种接口的电源非常好买，因为很多智能手机都是用的这种接口。这里还要强调另外一个问题，Raspberry Pi 至少需要 700mA 的供电，否则，Raspberry Pi 很有可能无法稳定地工作。

对技术参数感兴趣的读者们，这里我再深入地介绍一下。中间的大方块就是主芯片，所有的运算和处理都是在这里进行的，这是博通公司的“片上系统”（SoC），这块 SoC 上包含了主处理器、图形处理器和 256MB 的内存。

如果你够细心，还能注意到，SD 卡槽旁边、网络接口和 HDMI 接口之间还有两个扁平的排线插槽。这两个插槽分别是连接 LCD 显示器和摄像头的，这样就为以后给 Raspberry Pi 扩展摄像头和 LCD 显示模块提供了一些空间。

设置 Raspberry Pi

购买预装好系统的 SD 卡和电源当然是最省心的办法，只要再准备一套 USB 键盘和鼠标就可以了。下面就让我们开始学习怎么设置 Raspberry Pi。

购买所需配件

表 1.1 是搭配一整套 Raspberry Pi 所需要购买的所有配件。当然，这是一套最顶级的配置，几乎把 Raspberry Pi 所有功能都发挥得淋漓尽致。在写作本书时，Raspberry Pi 只有两家英国的分销商在供货：Farnell（以及美国的关联公司 Newark）和 RS Components。

表1.1 Raspberry Pi 配件列表

商 品	供应商及物料编号	备 注
Raspberry Pi，A 型或 B 型	Farnell (*www.farnell.com*) Newark (*www.newark.com*) RS Components(*www.rs-components.com*)	二者的区别在于 B 型有网络接口
USB电源(美国版)	Newark: 39T2392 RadioShack: 55053163 Adafruit PID:501	5V USB 电源。至少需要700mA（3W），但是1A（5W）或以上更好
USB电源(英国版)	Farnell: 2100374 Maplins: N15GN	
USB电源(欧洲版)	Farnell: 1734526	
Micro-USB 连接线	RadioShack: 55048949 Farnell: 2115733 Adafruit PID 592	
键盘和鼠标	任意一家计算机商店	任何USB键盘都可以，无线键盘也可以
有 HDMI 接口的显示器或电视机	任意一家计算机或电器商店	
HDMI 信号线	任意一家计算机或电器商店	

续表 1.1

商　品	供应商及物料编号	备　注
SD 卡（预装系统）	SK Pang: RSP-2GBSD Newark: 96T7436 Farnell: 2113756	
WiFi 适配器 *（USB 无线网卡）	*http://elinux.org/RPi_VerifiedPeripherals#USB_WiFi_Adapters*	*elinux.org* 提供了兼容的网卡型号
USB 集线器 *	任意一家计算机商店	
HDMI 转 DVI 转换器 *	Newark: 74M6204 Maplins: N24CJ Farnell: 1428271	
网线 *	任意一家计算机商店	
外壳 *	Adafruit、SK Pang 或 Alliedelec.com	

* 为可选

电　源

图 1.4 所示是 USB 电源和 USB 转 Micro-USB 数据线组合。

图1.4　USB电源

你也可以找一下，看看手边有没有老款的 MP3 电源，只要是 5V 并且能提供足够的电流即可。这里需要注意的是，一定不可以过载使用电源，否则会使电源发热，甚至引发火灾。因此，一定要切记，使用至少 700mA 的电源。当然，如果能使用 1A 的电源最好，因为这样可以给 Raspberry Pi 提供一些额外的电流，毕竟 Raspberry Pi 还需要一些电流驱动 USB 接口上的外设，如键盘、鼠标等。

通过查看电源上的铭牌，可以获知这个电源的电流供应能力。有些电源采用功率单位瓦特（W）来标识电源容量，如果以 W 为单位，至少需要 3W；如果是 5W，电流约等于 1A。

键盘与鼠标

Raspberry Pi 能兼容很多 USB 键盘和鼠标，也包括大部分无线键盘和鼠标——自带 USB 无线收发器的那种。这其实是个不错的选择，尤其是那种键鼠套装——键盘和鼠标只占用一个 USB 接口。在第 10 章中，如果利用无线键盘来控制 Raspberry Pi 机器人，将会更方便。

显示器

尽管 Raspberry Pi 上有 RCA 接口，但是并不经常使用，大多数人都会直接用比较先进的 HDMI 接口。对 Pi 来说，一般普通的 22 英寸 LCD 电视机就是不错的显示器。当然，你也可以直接使用家里的大屏幕电视机作为 Pi 的显示器，需要使用时直接连接即可。

如果你打算用只有 VGA 接口的显示器，使用成本就会增加很多，因为 HDMI 转 VGA 转换器很贵。但是如果显示器有 DVI 接口，直接买一个便宜的 HDMI 转 DVI 转换器就足够了。

SD 卡

你可以用自己已有的 SD 卡，但是需要自己在上面安装操作系统，这个过程需要一点操作技巧。对于第一次接触 Raspberry Pi 的你来说，最好多花一两美元买一张预装好系统的 SD 卡。这样，插上 SD 卡就能直接用了。

你也许会遇到乐于帮助给 SD 卡刷写系统的人。Farnell 和

RS Components 预装好系统的 SD 卡的价格可能有些贵，你可以在网上找找其他供应商（如 SK Pang），这些供应商也会出售一些刷写好最新系统的 SD 卡。它们的价格甚至比买一张全新的 SD 卡还便宜。如果你想自己给 SD 卡刷写系统，可以参照 *www.raspberrypi.org/download* 里的步骤。

想要自己给 SD 卡刷写系统，还必须有另外一台计算机，而且还得准备一个 SD 卡读卡器。不过，刷写 SD 卡时要根据计算机上所用的系统来选择刷写 SD 卡的软件，主要取决于用的是 Windows、Mac 还是 Linux 操作系统。但是，爱好者们已经开发了一些非常有用的工具，使得刷写 SD 卡的过程几乎能够自动完成。

这里还得再强调一下，如果想自己给 SD 卡刷写系统，请一定仔细遵照相关网站教程，按照里面的步骤一步一步来。如果操作不当，很有可能将计算机格式化。不过这个问题正在随着软件易用性的提高逐步被解决 。

自己制作 SD 卡最大的好处是，你可以自己选择操作系统的发行版。表 1.2 里是截至本书写作时的一些十分流行的发行版。你也可以随时访问 Raspberry Pi 官网来查询新的发行版。

表1.2

发行版	说 明
Raspbian Wheezy	这是最“标准”的 Raspberry Pi 操作系统，而且，本书里的例子都是使用的这个系统，它用的是 LXDE 桌面
Arch Linux ARM	这个发行版一般都是 Linux 高手在用
QtonPi	这个发行版是给那些用 Qt5 图形框架开发富形程序的人用的
Occidentalis	Adafruit 做的发行版，基于 Raspbian Wheezy，但是针对硬件开发者做了一些改善

当然，多买一些 SD 卡来尝试不同的发行版也是一件好事。但是，

如果你是一位 Linux 新手，建议你还是从 Raspbian Wheezy 发行版开始。

外 壳

Raspberry Pi 是不包括任何配件的，因为开发团队认为只有这样，才能真正让利给消费者。但是，这种方式也很容易造成设备的损坏。因此，给 Raspberry Pi 做一个或者买一个外壳是一件势在必行的事情。图 1.5 是当下几种可以买到的外壳。

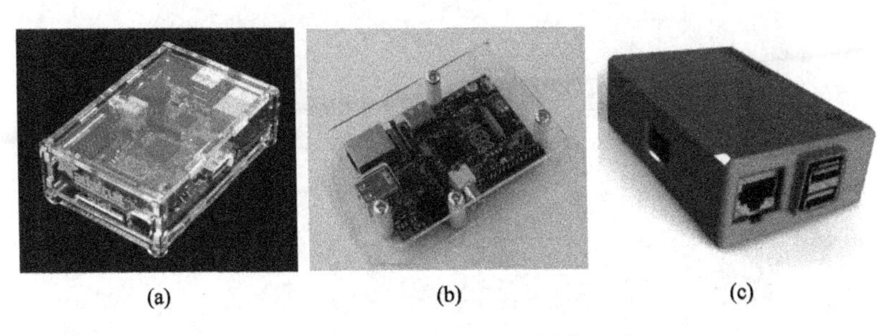

(a) (b) (c)

图1.5 Raspberry Pi 外壳

图 1.5（a）所示外壳由 Adafruit（*www.adafruit.com*）供货，图 1.5（b）所示由 SK Pang（*www.skpang.co.uk*）供货，图 1.5（c）所示则由 ModMyPi（*www.modmypi.com*）供货。选择外壳时要着重考虑的是，你准备拿 Raspberry Pi 做什么？如果你有 3D 打印机，也可以使用下面这几种开源设计图，自己打印一个外壳。

- *www.thingiverse.com/thing:23446*
- *www.thingiverse.com/thing:24721*

当然，你也可以用硬纸板给 Raspberry Pi 制作一个外壳。目前有一种名为 Raspberry Punnet 的外壳，就是这么做的，你可以在 *www.raspberrypi.org/archives/1310* 找到。

其实，给 Raspberry Pi 寻找或制作盒子的时候，会体验到很多不同的乐趣。而且，还可以把很多“古董”级电子产品与 Raspberry Pi 结合，从而实现新应用，如老式电脑或游戏主机。有一位 Raspberry Pi 爱好者甚至用乐高积木给 Raspberry Pi 制作了一个外壳。我的第一个 Raspberry Pi 外壳是用手头的名片盒制作的，按照 Raspberry Pi 的尺寸开了一些孔（图 1.6）。

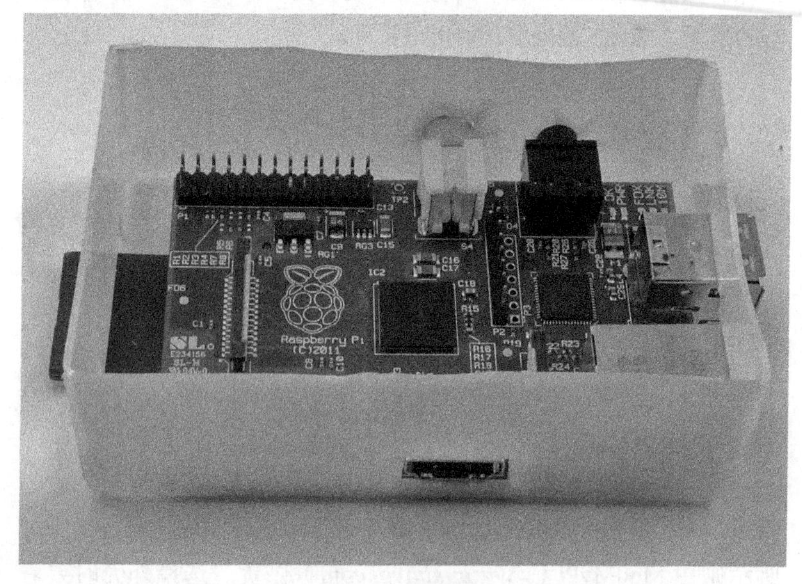

图1.6 自制外壳

WiFi

Raspberry Pi 没有支持 WiFi 的模块。要想把 Raspberry Pi 接入网络，你有两个选择。第一，使用 USB 无线网卡，把 USB 无线网卡插到 Raspberry Pi 的 USB 接口（图 1.7）。如果幸运的话，Linux 系统会即刻识别你的网卡，这样就可以接入无线网络了（或者告诉你怎么去连接）。

图1.7 无线网卡

你可以参照表 1.1 中的无线网卡列表，这些无线网卡基本上跟 Raspberry Pi 都是兼容的。有时你可能会遇到 Raspberry Pi 无线网卡驱动问题，因此，选用配件时记得要先看一下 Raspberry Pi 论坛和 Wiki 页面的更新，看看哪些是可以兼容的。

第二，使用无线网桥，但这套方案只能给 B 型 Raspberry Pi 使用。这些设备一般都用 USB 供电，然后通过网线连接 Raspberry Pi。一般来说，手里有游戏主机的人都会用这种方案，因为他们有网线接口，却没有无线网卡。这套方案的优点是，Raspberry Pi 基本不需要特别的设置就可以使用了。

USB 集线器

Raspberry Pi 只有两个 USB 接口，想要扩展 USB 接口，那就非用 USB 集线器不可（图 1.8）。

这些 USB 集线器在很多地方都能买到，扩展口的数量也从 3~8 个不等。不过要注意的是，一定确保其能够支持 USB 2.0 接口。当然，使用有源 USB 集线器是一个不错的选择，这样 USB 集线器就不会从 Raspberry Pi 中消耗过多的电流了。

图1.8 USB 集线器

硬件组装

现在，你应该已经准备好了所有的配件，把它们连接起来，然后启动。图 1.9 里是一些你需要连接的配件。

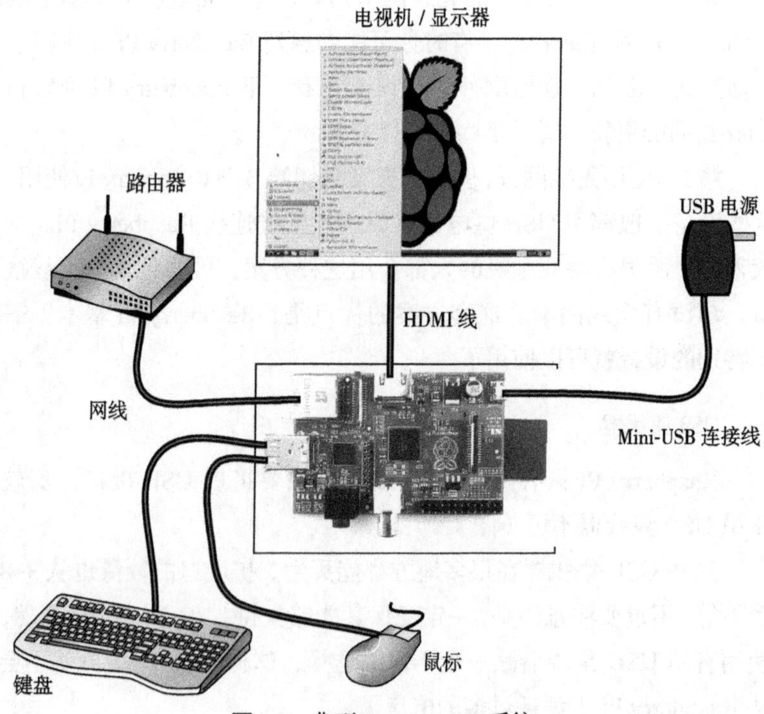

图1.9 典型 Raspberry Pi 系统

插入 SD 卡，接上键盘、鼠标、显示器，然后上电，一切就绪。

启　动

第一次启动 Raspberry Pi 时，系统不会自动进入你之前看到的那种类似于 Windows 的图形界面。相反，它在首次启动时会停在配置界面（图 1.10）。那么下面就让我们来给 Raspberry Pi 的系统做一下配置。

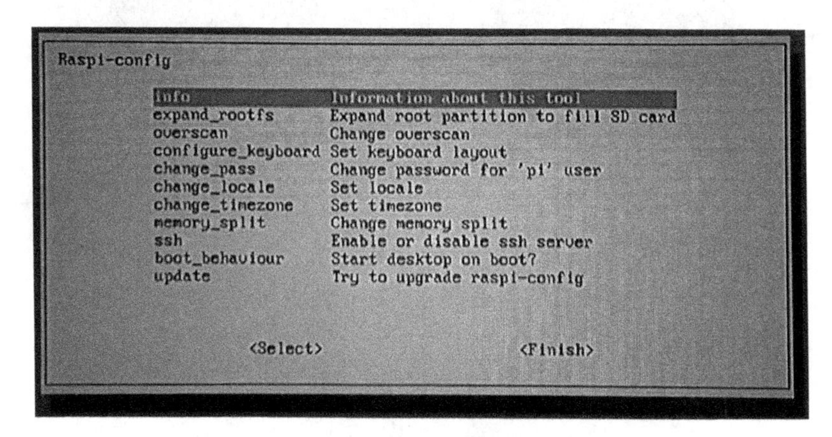

图1.10　配置界面

首先，如果你的 SD 卡超过 2GB，在不进行扩展设置的情况下，Raspberry Pi 就只会用 SD 卡里 2GB 的空间，这时我们就需要选择 expand_rootfs 来扩展分区。可以用上下方向键和回车键控制选项过程。

另一个需要修改的是 boot_behaviour 选项。如果你不想启动后直接进入桌面状态，那就每次登录进入系统，并且手动进入桌面环境（图 1.11）。

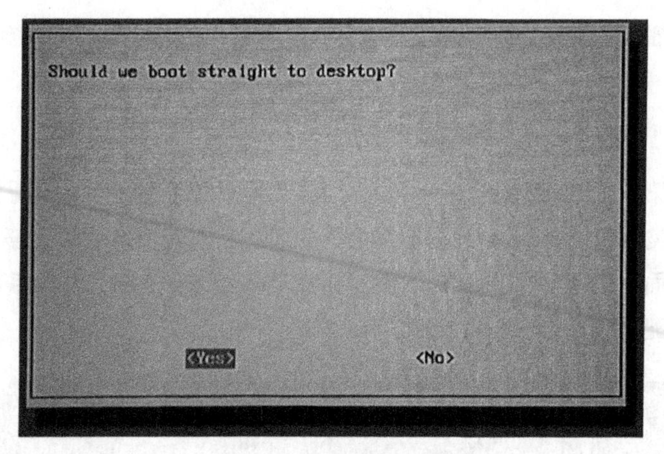

图1.11　启动桌面选项

小　结

现在我们已经把 Raspberry Pi 设置好了，并且马上就能用了。接下来，就让我们来探寻一些 Raspberry Pi 的特色功能，然后学习一些 Linux 的基础知识。

第 2 章

小试牛刀

Getting Started

Raspberry Pi 目前是以 Linux 作为操作系统，本章主要介绍 Linux，以及如何使用桌面环境和命令行。

Linux

Linux 是一种开源的操作系统。相对于目前市场上处于垄断地位的微软 Windows 和苹果 OS X 操作系统，这种系统作为开源社区的项目，对于追求自由开放的爱好者来说是个相当不错的选择。它几乎继承了早期 UNIX 系统的全部特色。到目前为止，Linux 的发展速度相当迅速，并且拥有一大批忠实的用户，其中还包括许多非常优秀的程序员。就是这批热爱 Linux 系统的天才们，使得 Linux 操作系统朝着更加强大与更易操作的道路上飞速地奔跑着。

虽然这个操作系统被称为 Linux，但是市面上有着各种各样的 Linux 发行版。当然，这些发行版都包含着基础的 Linux 操作系统。不同的是，它们各自拥有着不同的软件集和桌面环境。尽管很多发行版都可以用在 Raspberry Pi 上，但是 Raspberry Pi 基金会所推荐的是 Raspbian Wheezy。

如果你只习惯用微软 Windows 操作系统，那么在体验其他操作系统时会有一点点挫折感。在 Linux 操作系统下，你会感到有点不顺手，这一切都只是由于还不习惯而已。但是，Linux 操作系统是完全开放的，你可以对这个系统进行任意的修改，一切都在掌控之中。但是，就像电影《蜘蛛侠》中所说的，拥有非凡的能力也就意味着要承担重大的责任。换句话说，在使用过程中，一个不小心的操作就可能彻底地摧毁操作系统。

桌　面

在第 1 章的结尾，只是刚刚启动了 Raspberry Pi，登录，开启桌面环境。图 2.1 是桌面环境的截图。

图2.1　Raspberry Pi桌面

如果你是 Windows 或 Mac 计算机用户，应该对桌面的概念很清楚，计算机开启之后会有一个类似于背景的画面，且整个文件系统都是分类于各个文件夹之下的。

在桌面的左边有一些图标，都是用来启动程序的。点击屏幕底部状态栏最左边的按钮，将打开一个菜单，里面是所有安装在 Raspberry Pi 上的程序和工具（有点像微软 Windows 的开始菜单栏）。接着，点击一下底部状态栏上的 File Manager（文件管理器）。

File Manager 有点像 Windows 下的资源管理器，或者 Mac 系统下的查找器。它可以浏览整个文件系统，复制或移动文件，当然也可以执行一些应用程序。

启动时，File Manager 显示主目录。首次登录时输入的用户名是 *pi*，所以在这里，主目录就是 */home/pi*。这里需要说明的是，Linux 与 Mac OS X 操作系统一样，Linux 也是使用斜杠“/ ”分隔目录名。也正因为如此，“/”这个符号也叫做根目录，而 */home/* 是包含其他目录的一个目录而已，包含了所有的用户。刚上手的时候，Raspberry Pi 仅包含一个用户——*pi*。当前目录的地址会在窗口顶端的地址栏显示，你也可以直接在地址栏中输入地址或者用旁边的导航条。*/home/pi* 这个目录仅仅包含 *Desktop* 和 *python_game* 这两个子目录。

双击 *Desktop*，就可看到 *Desktop* 目录，*Desktop* 目录仅涵盖了桌面左边几个程序的快捷方式。如果打开 *python_game*，将会有一些很好玩的游戏，如图 2.2 所示。

除了主目录，你应该很少会用到别的系统目录，你可以把自己的文档、音乐或者其他资料都保存在主目录下的各子目录或U盘中。

互联网

如果你家里有路由器，可以把 Raspberry Pi 的网络接口直接用网线连接到路由器。路由器会自动给 Raspberry Pi 指派一个 IP 地址，这样 Raspberry Pi 就连接互联网了。

Raspberry Pi 在出厂时就安装了一个网页浏览器——Midori，你可以在开始菜单的 Internet 选项里找到它。点击，然后输入网址，就可以知道是否连接到互联网了，如图 2.3 所示。

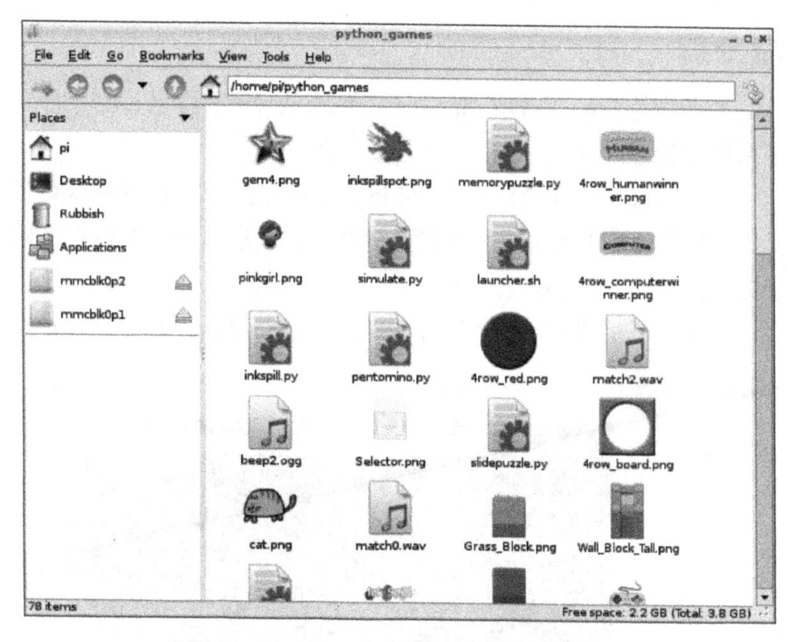

图2.2　*python_games*目录，在File Manager中

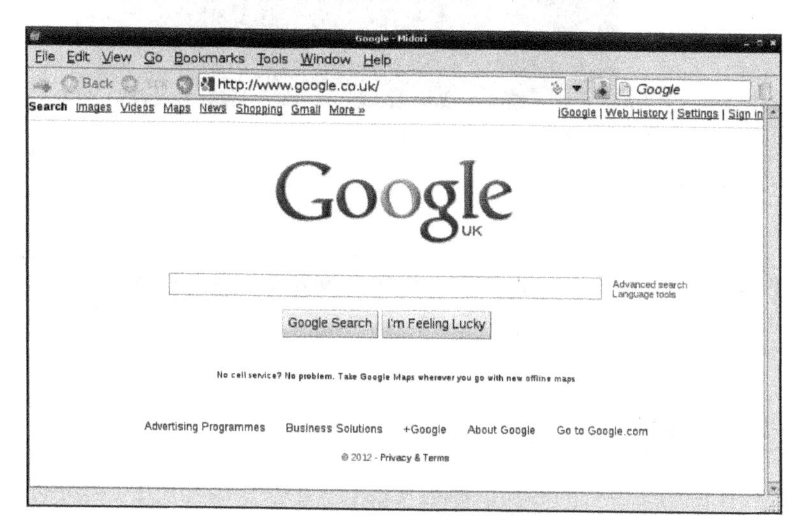

图2.3　Midori 网页浏览器

命令行

如果你是 Windows 或 Mac 用户，可能从来没有接触过命令行。如果你是 Linux 用户，可以略过这个小节。

从技术层面上来说，现在的 Linux 系统已经可以在图形界面下操作，但是还需要在命令行里输入命令，尤其是想要安装新程序和配置 Raspberry Pi 的时候。

点击右下角的开始键，然后打开 LXTerminal，如图 2.4 所示。

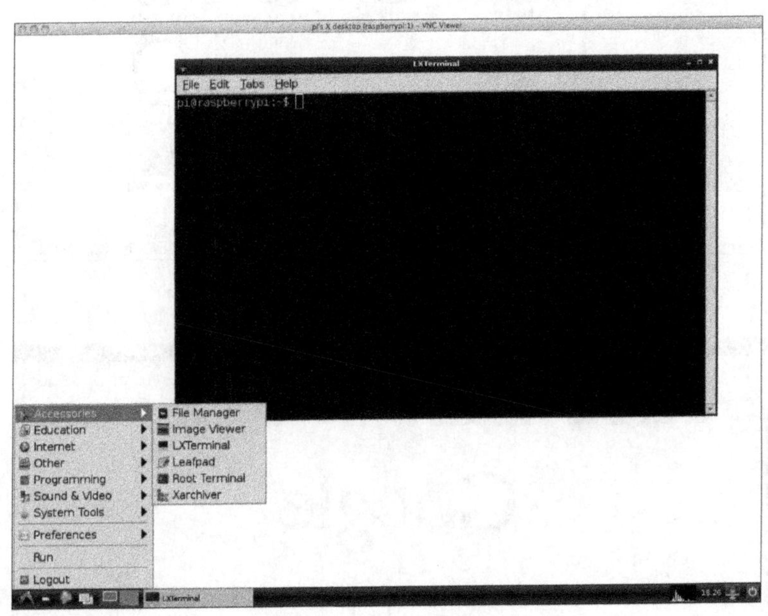

图2.4 LXTerminal命令行

终端导航

在使用命令行的时候，你会发现有 3 个命令经常使用。第一个是 pwd，这个命令是 print working directory 的缩写，意思是“显示当前目录”。因此，在终端窗口的 $ 符号后面，输入 **pwd**，然后敲回车，如图 2.5 所示。

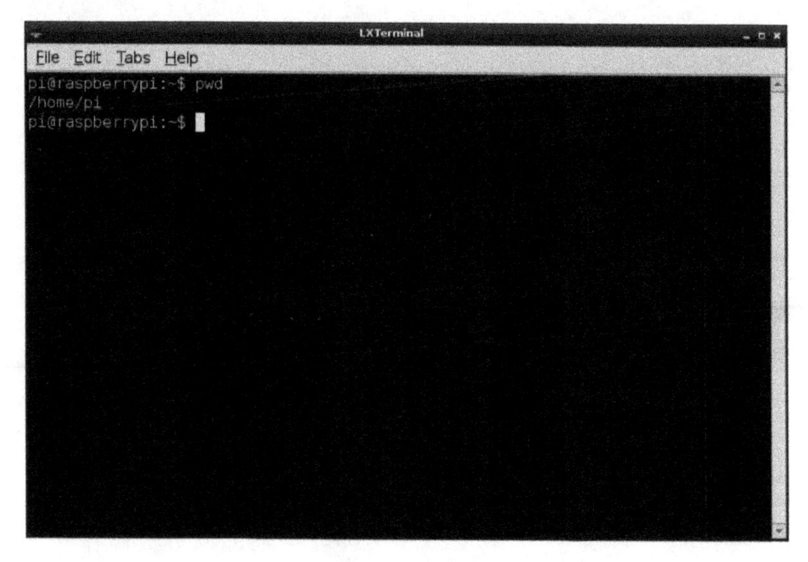

图2.5 pwd命令

正如所看到的那样，当前目录是 */home/pi* 。现在你应该对输入命令的地方以及输入命令的方法已经清楚了，此处不再用截图展示。之后输入的命令前面都会带有一个 $ 符号，这表示后面的内容是命令。

```
$pwd
```

命令运行后输出的内容不会有 $ 符号。因此，整个 pwd 命令运行过程如下：

```
$pwd
/home/pi
```

第二个是 ls，这个命令是 list 的缩写，意思是“列表”。它主要用来展示工作路径下的文件和目录。输入以下命令：

```
$ls
Desktop
```

这表示 Desktop 是 */home/pi* 下唯一的目录。

第三个是 cd，这个命令是 change directory 的缩写，意思是“改变当前目录”。它可以把工作目录切换到之前的工作目录，或者切换到一个全新的工作目录，但是需要用户指明目录地址，以“/”开头。例如，下面这个命令会把当前工作目录切换到 */home/pi/Desktop*:

```
$pwd
/home/pi
$cd Desktop
```

你也可以输入以下命令实现同样的效果：

```
cd /home/pi/Desktop
```

输入目录或文件名时，其实不需要全部输入。例如，在你输入了一半内容时，敲一下 TAB 键，如果这个文件名在那个路径下是唯一的，系统会帮你自动补全。

sudo

另外一个经常用到的命令是 sudo（super-user do）。输入这个命令之后，它后面的所有命令都会被系统认为是超级用户输入的。说到这里，你可能会有点疑问，作为这台计算机的唯一用户，你为什么不是超级用户呢？一般来说，登录时，你会以普通用户的身份登录（用户名为*pi*，密码为*raspberry*），而默认情况下这个帐户并没有什么特权，也就是说，你并没有权限来操作系统相关设置或删除文件。

如果想操作系统相关设置或者删除文件，需要在这些操作命令前面加上 sudo：

```
sudo ls
```

输入这个命令之后你会发现，与输入普通的 ls 没有什么区别，效果完全一样。在同样的目录下，唯一的区别就是第一次使用 sudo 时，系统会让你输入密码。

应用程序

Raspberry Pi 的 Raspbian Wheezy 发行版可以安装很多应用程序。当然，在安装程序时也需要用到命令行。apt-get 命令是用来安装和卸载应用程序的。因为安装程序通常会用到超级用户的权限，所以需要在 apt-get 前面加上 sudo 命令。

apt-get 命令使用互联网上的安装包数据库来搜索和安装应用程序，所以，在使用 apt-get 命令之前需要先输入这行命令：

```
sudo apt-get update
```

这个命令是用来更新安装包的数据库的。在使用这个功能之前，需要将 Raspberry Pi 连接互联网。

接下来就是安装具体的程序了，你只需要知道安装包的名称。例如，要安装 Abiword 这个文字处理软件（类似于 Microsoft Office），只需要输入下面这行：

```
sudo apt-get install abiword
```

安装的过程会花费一定时间，而且在进程的最后，你会发现开始菜单里多了一个新的文件夹——*Office*，这个文件夹下就包含了 *Abiword*（图 2.6）。

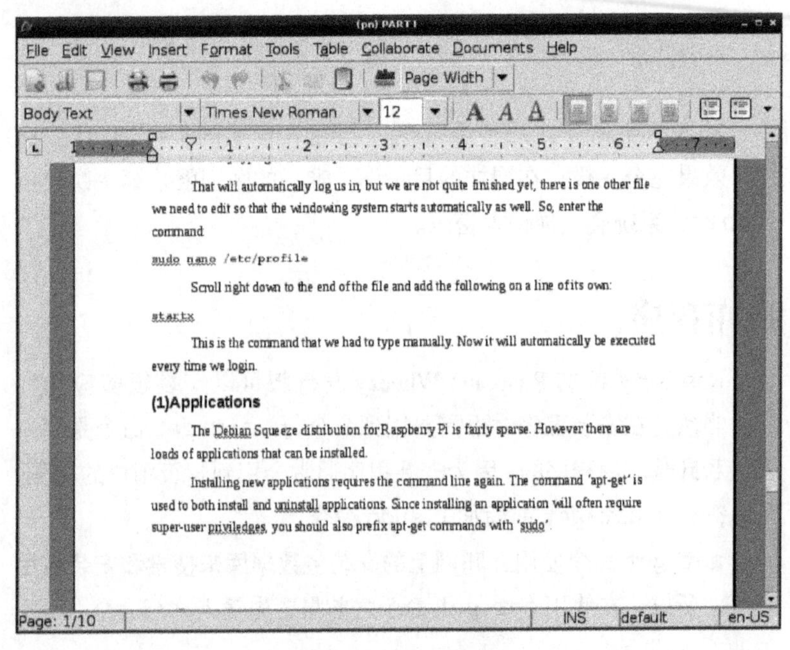

图2.6　Abiword屏幕

Abiword 是一个很棒的文字处理软件。

既然谈到办公应用软件，接下来介绍 Abiword 的电子表格搭档 Gnumeric。输入以下命令就可以安装 Gnumeric。

```
sudo apt-get install gnumeric
```

把应用程序安装好以后，一个新的菜单项——Gnumeric 就会出现在开始菜单的 Office 菜单下。

如果你想自己挑选一些安装软件，可以查看网上的推荐，尤其是 Raspberry Pi 论坛（*www.raspberrypi.org/phpBB3*）。也可以查看一下 RsapbianWheezy 的软件包列表，网址是 *http://packages.debian.org/stable/*。

这里需要提醒一下，因为 Raspberry Pi 的内存限制等制约因素，并不是所有的安装包都好用，但是大部分都可以使用。

如果想卸载某个程序包，可以用这个命令：

```
sudo apt-get remove --auto-remove --purge packagename
```

这个命令会卸载指定的软件包以及那些不再有其他软件依赖的软件包，所以在删除的时候一定要留意右下角 File Manager 窗口，它会显示还有多少空余内存。

网络资源

除了可以用 Raspberry Pi 来编程，还可以用 Raspberry Pi 浏览网页。在网上也可以学到很多关于 Raspberry Pi 的知识。

表2.1列举了一些常用的关于Raspberry Pi的站点，你也可以用搜索引擎搜索一些相关的Raspberry Pi创意和技术贴。

表2.1 Raspberry Pi的互联网资源

站 点	说 明
www.raspberrypi.org	Raspberry Pi 基金会的首页。可以经常去看看论坛和 FAQ
www.raspberrypi-spy.co.uk	一个提供很多解决方案的博客

续表 2.1

站　点	说　明
http://elinux.org/RaspberryPiBoard	Raspberry Pi 的 Wiki 页面，里面有很多 Raspberry Pi 的信息，关键是里面有一个很全的外设列表（*http://elinux.org/RPi_VerifiedPeripherals*）

小　结

现在，一切已经准备就绪，相信你也已经掌握 Raspberry Pi 的一些基本功能了，让我们开始 Python 编程之旅吧。

第 3 章

Python 基础

Python Basics

现在就用 Raspberry Pi 来写一些程序。在这里，我们使用的语言叫做 Python。Python 不仅性能卓越，而且非常易学易用，只要稍加练习，你就可以在短时间的学习之后写出功能强大的软件，包括一些图形化的游戏或程序。

就像俗语所说的，如果要想跑，必须先学会走。所以，我们就从 Python 入门开始。

Python 之所以被称为语言，是因为它的存在是为了给计算机编程，也可以说是人与计算机对话的语言。那么，为什么必须使用这种特殊的语言呢？为什么不能直接对计算机使用人类的语言呢？就算我们使用了 Python，那么计算机是如何“听懂”的呢？

其实，随着后面深入讲解，就会发现，我们为什么不使用英语或其他人类语言。因为人类的语言过于含糊，而计算机语言虽然使用英文，却是以一种结构化的方式使用其文字和符号。

IDLE

任何学习过程都需要讲究方法，对于学习 Python 语言来说，最好的方法莫过于边学边用。因此，首先让我们启动 Python 的开发环境。该程序被称为 IDLE，你可以直接在开始菜单里找到。这里需要强调一下，你可能会找到不止一个 IDLE，没有关系，打开 IDLE3 程序。接着，就会看到 IDLE 的界面和 Python 的 Shell，如图 3.1 所示。

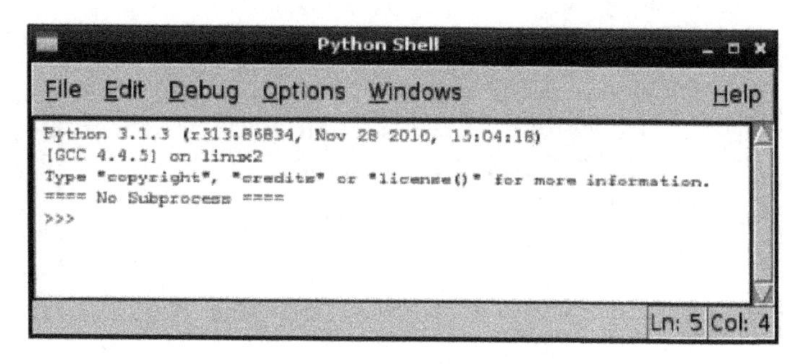

图3.1 IDLE 和 Python 的 Shell

Python 的版本

与之前的 Python 2 相比， Python 3 有相当大的变化，本章主要基于 Python 3.1，但是当你对 Python 有了进一步的认识后，就会发现很多想使用的模块并不支持 Python 3 。

Python 的 Shell

你在图 3.1 中看到的就是 Python 的 Shell。这个窗口可输入命令和输出结果。在做一些小实验时，它是非常有用的工具，尤其是学习 Python 时。

例如，在命令提示符后面输入命令（本例中为 >>>），Python 控制台就会在下一行显示结果。

算术计算是所有编程语言都涉及的一部分，Python 也不例外。例如，在 Python Shell 的命令提示符后面输入“2+2”，那么将在下一行看到“4”这个结果，如图 3.2 所示。

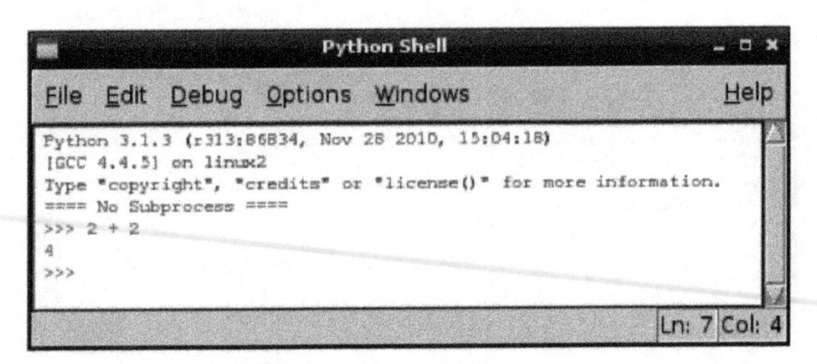

图3.2 在Python 的 Shell 中进行算术计算

编辑器

Python Shell 是一个做实验的好地方，但是并不适合编写程序。Python 的程序可以保存在文件中，这样就不需要你重新输入。文件往往包括了很多编程语言和命令，因此，运行这个文件，其实就是运行所有命令。

IDLE 顶端的菜单栏可以用来创建新文件。所以，点击菜单栏上的“File → New Window”。图 3.3 展示的就是新窗口下的 IDLE 编辑器。

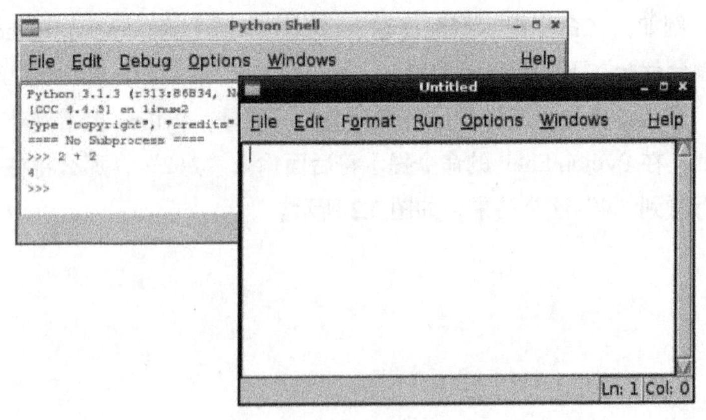

图3.3 IDLE 编辑器

在 IDLE 里输入以下两行命令：

```
print('Hello')
print('World')
```

此时就会发现，编辑器里并没有之前看到的 >>> 提示符。这是因为在这里输入的命令不会被立即执行，在决定执行之前，它将暂时被保存在文件里。你也可以使用 nano 或其他文本编辑器编写，但是对于 Python 来说，IDLE 是兼容性非常好的一款编辑器，而且为了更好地适应 Python 语言做了一些相关的调整和优化。

保存所写的 Python 程序：在开始菜单里打开文件浏览器（File Browser），程序应该在附件（Accessories）目录下。在主区域内点击右键，选择新建（New），然后选择文件夹（Folder），如图 3.4 中所示。输入文件夹名 Python，敲击回车键。

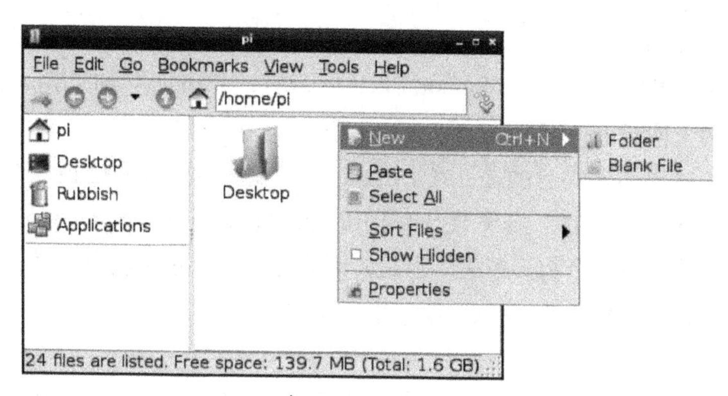

图3.4 创建Python文件夹

接下来，需要重新调出编辑器的窗口，然后用文件（File）菜单保存文件。找到新建的 *Python* 文件夹的路径，然后把将要保存的文件命名为 *hello.py*，如图 3.5 所示。

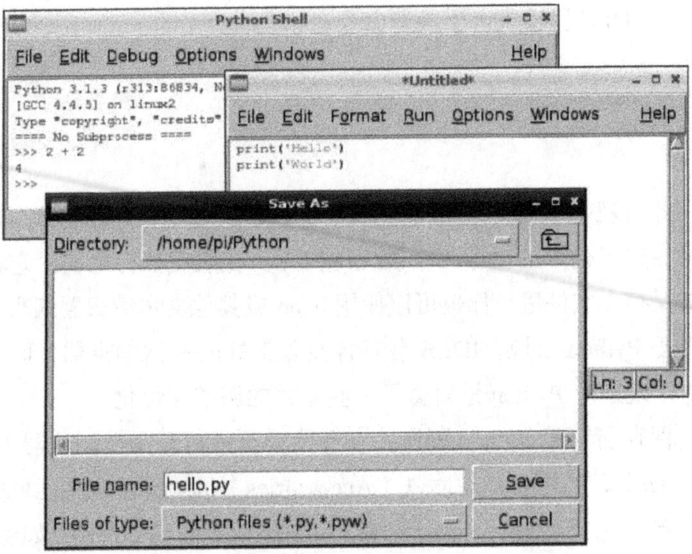

图3.5 保存程序

点击运行（Run）菜单，然后选择运行模块（Run Module）。此时就能看到程序在 Python Shell 下运行，“Hello”和“World”这两个词各占一行。

这里需要注意的是，在 Python Shell 输入的命令不会被保存在任何地方，因此，如果退出 IDLE 或重启，之前在 Python Shell 里输入的所有命令都会消失。但是，因为之前保存过编辑器文件，所以随时可以从文件（File）菜单里调用。

为了节省本书的版面，从现在起，如果想在 Python Shell 里输入字符，就会使用 >>> 这个符号，结果也会出现在下一行，就像在 Python Shell 里显示的那样。

数 字

对于编程来说，数字和计算是非常重要的基础组成部分。所以，现在我们做一些关于数字的有趣实验，当然，最适合做实验的地方依旧是 Python Shell。

在 Python Shell 中输入以下内容：

```
>>> 20 * 9 / 5 + 32
68.0
```

相比于之前的那个“2+2”的例子，这个例子其实也并不高明，都是一些简单的四则运算，但是，通过这个例子，我们会发现：

- “ * ”代表乘号；
- “ / ”代表除号；
- 在这个式子中，Python 依次进行乘法和除法计算，并且除法的优先级高于加法。

另外，还可以加一些圆括号来确保正确的运算顺序，如：

```
>>> (20 * 9 / 5) + 32
68.0
```

这里使用的数字都是整数（程序员们通常称其为整型）。你还可以使用小数点，这种含有小数点的数字叫做浮点数。

变 量

关于数字已经介绍很多了，接下来介绍变量。可以把变量理解为有数值的符号，它有点像数学里用字符暂代数字的“未知数”。首先，输入以下命令：

```
>>> k = 9.0 / 5.0
```

这里，等号的意思是把一个数值赋给变量。从语言规则上来讲，变量必须在等号的左边，而且只能是一个词（中间不可以有空格）。但是，它的长度不是一定的，甚至中间还可以掺杂数字以及下划线“_”。不仅如此，变量还可以使用大写和小写字母，当然，以上的这些都是变量命名的规则。但是，也存在着一些“潜规则”。这里面的区别其实很微妙，如果你不遵守规则，Python 会显示提示；然而，若是打破了“潜规则”，其他程序员的唾沫估计够你“喝一壶”的了……

变量的“潜规则”：首先，变量的名字应该以小写字母开头，而且，使用下划线来代替英文单词间的空格（如 number_of_chickens）。表 3.1 所示的几个例子中，有些是符合规则的，有些是符合“潜规则”的。

表3.1 命名变量

变量名	是否合规	是否符合习惯
x	是	是
X	是	否
number_of_chickens	是	是
number of chickens	否	否
numberOfChickens	是	否
NumberOfChickens	是	否
2beOrNot2b	否	否
toBeOrNot2b	是	否

很多其他的语言在命名变量时有着不同的“潜规则”。如驼峰式，通过把除第一个单词以外每个单词首字母大写，代替本身英语语法

中的空格（如 numberOfChickens）。不可置否的是，一些 Python 例程中肯定会出现这种排序的代码。总而言之，如果所写的代码只是给自己使用，那么在遵守规则的前提下怎么命名变量都无所谓；但是如果代码是写给其他人看的，最好还是遵守“潜规则”。

因为遵守这些命名“潜规则”，其他的 Python 程序员会很容易地读懂你的程序。

但是，如果你写了一些连 Python 本身都读不懂的语句，就会出现报错信息。例如，输入以下代码：

```
>>> 2beOrNot2b = 1
SyntaxError: invalid syntax
```

这段代码是错误的，因为在定义变量时，不可以用数字开头。

接下来，试着把一个值赋给变量 k，如果只输入一个字母“k”，会出现以下情况：

```
>>> k
1.8
```

Python 会一直记得 k 这个变量的值，所以，可以把 k 这个变量用在其他的表达式中。在最初的表达式中，输入以下代码：

```
>>> 20 * k + 32
68.0
```

循　环

我们已经介绍了一些有关算术计算的知识，但是只凭算术是写不出多少有趣的程序的。因此，在这一节，将对循环进行详细介绍。

循环的意思就是让 Python 执行一定次数的重复工作，在下面的几个例子里，你将发现代码的数量有所增加。只要按一下回车键，光标就会跳到下一行，并且，Python 没有任何反应。当然，Python 不会立即执行代码，因为它知道程序还没写完。这里需要解释一下，以冒号“：”结尾表示还有代码要写。

因为每行代码的含义和任务不同，所以，每行代码前面的缩进也都不同。

在下面这段代码里，在第二行的起始处，需要按一下 TAB 键，然后才能输入 `print(x)`。如果想执行这两行代码，输入第二行之后需要按两下回车键。

```
>>> for x in range(1, 10):
print(x)
1
2
3
4
5
6
7
8
9
>>>
```

现在可以看到代码运行的结果了，它输出了数字 1~9，而不是 1~10。这里需要解释一下，因为 `range` 这个命令是排除结尾的最后一个数字的，所以，它在输出结果时不会包括范围内的最后一个数，但是它包含第一个数。

你也可以自己再试一下，不过这次可以把代码稍微变动一下，显示结果将如下所示：

```
>>> list(range(1, 10))
[1, 2, 3, 4, 5, 6, 7, 8, 9]
```

留意一下标点符号，代码中的圆括号中所包含的数字被称为参数。range 命令内就含有两个参数：从 1 开始，到 10 结束，以逗号“,”隔开。

命令 for in 由两部分组成。在单词 for 之后必须跟一个变量名，而这个变量会在每次循环之后被赋予一个新值。所以，第一次的时候，它的值就是 1，第二次的时候是 2，以此类推。

而在单词 in 之后，Python 会计算出一整套循环，并且列出来，这样就形成了最终显示的 1~9 列表。

模拟色子

本节将用刚刚学到的循环做一些好玩的东西。我们将写一个程序，模拟掷 10 次色子的过程。

要做这个，需要先知道如何生成随机数。在这之前，如果你有些基础知识，可能会在搜索引擎里输入“*random numbers python*，”一些 Python Shell 的例程代码。但是，如果有本书的帮助，就可以直接输入：

```
>>> import random
>>> random.randint(1,6)
2
```

你可以试着把第二行代码多输入几遍，这样就会发现，得到的结果并非都是一样的数字，而是 1~6 的随机数。

简单分析一下这段“小代码”，第一行代码引入一个库文件，告诉 Python 如何生成数字。至于什么是库文件，将会在后面的章节里详细讲解，现在只需要知道在使用 randint 这个命令产生随机数之前，需要写这样的一行 import 命令。

这里用“命令”这个词貌似有点随意。严格意义上来说，randint 实际上是一个函数，而不是命令。

现在可以“造”一个随机数了。此时需要把本节中所学到的内容与之前学过的循环知识相结合，才能一次输出 10 个随机数。很显然，Python Shell 不能完整显示程序和结果，所以，改用 IDLE 编辑器。

直接在文本框里输入例程代码，或者到本书的网站（*www.raspberrypibook.com*）上直接下载全部例程代码。本书中每一段例程代码都有一个属于自己的编号，该代码应该是 *3_1_dice.py*，也可以用 IDLE 编辑器直接读取。

在这个环节中，需要输入例程来证明所得结论。打开一个新的 IDLE 编辑器窗口，输入下面这段代码后保存：

```
#3_1_dice
import random
for x in range(1, 11):
  random_number = random.randint(1, 6)
  print(random_number)
```

代码的第一行以 # 开头，这表明这一行都不属于程序代码，它只是给看程序的人的一个注释。注释不会影响程序的正常运行，所以可以用注释在程序中添加一些额外的信息。换句话说，就是 Python 会直接无视以 # 号开头的那些代码行。

现在，从运行（Run）菜单中选择运行模块（Run Module）。此时就应该能看到 Python Shell 中的结果，如图 3.6 所示。

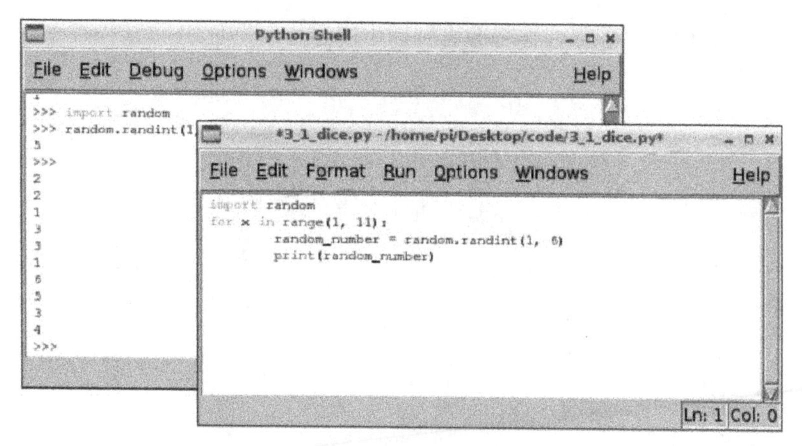

图3.6 模拟色子

if

本节将给这个“色子”程序加点“料”。比如，两个色子一起丢，然后得到两次丢出的值的总和，如“7”或“11”之类的数，将这个值输出。接下来，在 IDLE 编辑器中测试一下下面的程序：

```
#3_2_double_dice
import random
for x in range(1, 11):
  throw_1 = random.randint(1, 6)
  throw_2 = random.randint(1, 6)
  total = throw_1 + throw_2
  print(total)
  if total == 7:
    print('Seven Thrown!')
  if total == 11:
    print('Eleven Thrown!')
  if throw_1 == throw_2:
    print('Double Thrown!')
```

运行这个程序，你将会看到以下内容：

```
6
7
Seven Thrown!
9
8
Double Thrown!
4
4
8
10
Double Thrown!
8
8
Double Thrown!
```

分析一下这个程序。首先，它生成了两个 1~6 的数字，每个色子生成一个。并且，这里用了一个新变量 total 用来存放前两次色子的值。

下面就是 if 命令。这里需要强调的是，if 命令后面必须直接跟随一个条件（本例的条件就是 total==7）。这里用了一个冒号（：），而下面紧接着的一行命令只有在刚才的条件成立时才执行。一眼看去，你可能会发现一个小“错误”——条件里用的符号是“==”，难道不应该只有一个“=”。其实，双等号才能用来判定等号两边是否完全相等。也就是说，这里的双等号相当于我们平时的等号，因为编程语言里的单等号是用来给变量赋值的。

代码中第二个 if 并不是嵌在第一个 if 里的，所以，不管第一个 if 为真还是假，第二个 if 命令都会执行。但是，第二个 if 的执行方法与第一个是一样的，唯一的不同就是这次想要的值是 11。最后的 if 与前两个 if 有一点不同，它把两个变量（throw_1 和 throw_2）进行了比较，从而判断这两个变量是否相同，表明这次丢出了一个对子。

本节把 `if` 命令的使用方法进行了细致的讲解，如果下次想和朋友一起玩桌游，如《大富翁》（*Monopoly*）之类的游戏，却苦于找不到色子，就可以直接把 Raspberry Pi 拿出来，随手写个小程序，然后就可以尽情地玩了。

比 较

测试两个值是否相等，会用到“==”符号，该符号被称为比较运算符。其实，关于比较运算符，它有一个“小家族”，表 3.2 所示就是它的成员。

表3.2 比较运算符

比较运算符	说 明	示 例
==	等于	total == 11
!=	不等于	total != 11
>	大于	total > 10
<	小于	total < 3
>=	大于等于	total >= 11
<=	小于等于	total <= 2

你可以用这些比较运算符在 Python Shell 做几个小实验，进一步熟悉使用方法。例如：

```
>>> 10 > 9
True
```

可以模仿一下这段代码的情景。我们对 Python 说：“10 是不是比 9 大呢？”Python 回复我们说：“真”。现在，问一下它“10 是不是要比 9 小”。

```
>>> 10 < 9
False
```

逻辑计算

Python 告诉我们 True 或 False，并不是只显示了一条信息。像 True 或 False 这种特殊的值叫做“逻辑值”。跟在 if 后的任何条件都会被判定，从而 Python 会给出一个逻辑值，然后再判定是否执行下一行代码。

这些逻辑值可以与之前讲过的算术计算相结合，如加或者减。不过，当你输入“True+True”时，它是理解不了的，只有输入“True and True”时，它才能明白。

举个例子，如果想修改一下之前的“丢色子”活动，让 Raspberry Pi 只显示 5~9 的数值，代码如下：

```
if total >= 5 and total <= 9:
  print('not bad')
```

这里用的是 and，也就是“与”。我们也可以用 or，也就是“或”。不仅如此，还可以用 not 把 True 变成 False，反之亦然。

```
>>> not True
False
```

所以，还有另一种方法来实现之前的目的，代码可以这样写：

```
if not (total < 5 or total > 9):
  print('not bad')
```

练 习

试一下给之前的关于色子的代码加几个应用：当两次丢出总和为 10 以上的数值时，程序显示“好棒！”；如果两次丢的值总和还不到 4，那么程序显示“倒霉！”。现在你可以试着练习，如果在哪些地方卡住了，可以在文件 *3_3_double_dice_solution.py* 中寻找答案。

else

在之前的例子里，经常会看到在丢出色子之后，可能显示的不止是一条信息，只要 `if` 条件为真，都有可能输出一些额外的信息。有时，你或许想要有一些稍微不同的逻辑模式：如果 `if` 的条件为真，你将这样……如果为假，你就那样……在 Python 里，需要用 `else` 来实现：

```
>>> a = 7
>>> if a > 7:
  print('a is big')
else:
  print('a is small')
a is small
>>>
```

在这个程序里，虽然有两种显示结果，但是在同一时间，只可能显示一条。

另一种变化是 `elif`，就是 else if 的缩写。因此，可以把之前的例子扩展一下，让它变成 3 条逻辑线。

```
>>> a = 7
>>> if a > 9:
  print('a is very big')
elif a > 7:
```

```
  print('a is fairly big')
else:
  print('a is small')
a is small
>>>
```

while

本节将介绍 while 循环，它与之前的 for 循环稍稍有些不同。先说相同之处，这样有利于理解和掌握 while 循环。相同之处在于，后面都跟随着一个条件。在这种情况下，之前所设立的条件一直在循环内。换句话说，只要执行条件为真，循环内的代码会不断地重复执行。这意味着需要考虑周全，并且确定什么时候条件才会不成立，否则，这个代码就变成了一个永无止境的程序，直到计算机死机。

为了理清如何使用 while，继续更改色子程序，让它实现一种新功能：在丢出一对 6 之前，不断地丢，直到丢出一对 6。

```
#3_4_double_dice_while
import random
throw_1 = random.randint(1, 6)
throw_2 = random.randint(1, 6)
while not (throw_1 == 6 and throw_2 == 6):
  total = throw_1 + throw_2
  print(total)
  throw_1 = random.randint(1, 6)
  throw_2 = random.randint(1, 6)
print('Double Six thrown!')
```

这段程序虽然能够正常运行，但是看起来太“臃肿”了。主要是因为写了两遍这段代码（一遍在循环前，一遍在循环中）：

```
throw_1 = random.randint(1, 6)
throw_2 = random.randint(1, 6)
```

这里得告诉大家一条程序界内的“军规”——DRY（Don't Repeat Yourself，拒绝重复）。当然，这句话肯定不是为这段小代码而准备的，但是，作为一个合格的程序员，必须牢记这句话，因为以后将面临比这个复杂百倍的程序。所以，必须努力避免重复使用同一段代码。如果违反了这条规则，所写出的程序维护起来会相当痛苦。

你可以使用 break 命令来缩短代码，使之前的代码看起来“干炼”一些。当 Python 遇到 break 命令时，便会跳出循环。这里添加在 break 命令后的程序，功能与上一个一样：

```
#3_5_double_dice_while_break
import random
while True:
  throw_1 = random.randint(1, 6)
  throw_2 = random.randint(1, 6)
  total = throw_1 + throw_2
  print(total)
  if throw_1 == 6 and throw_2 == 6:
    break
print('Double Six thrown!')
```

这段代码中，循环中的条件被永久设定为真，所以，循环会一直不断地重复，直到遇到 break。这也就代表了，丢出一对 6 时就会自动停止循环。

小　结

学到现在，你应该与 IDLE 和 Python Shell 玩得不亦乐乎了。这里强烈建议你尝试变更一下例子中的程序，修改部分代码，看看会发生什么变化。

下一章会重点介绍能在 Python 下使用的其他数据类型。

第 4 章

字符串、列表与字典

Strings, Lists, and Dictionaries

这一章的标题中本应加入“函数”这个词，但是，考虑到标题的长度，省去了。在本章的学习过程中，首先与各种各样的数据打交道，然后在Python的程序里添加一些结构。此外，还需要结合之前所学到的知识，编写一个叫做“吊死鬼”（*Hangman*）的小游戏。不用担心，这并不是一个恐怖游戏，只是一个类似于限次猜谜的游戏。游戏规则是，程序随机生成一个单词，但是你是看不到的，需要猜一个字母，然后由程序判定刚刚生成的单词里到底有没有这个字母，这样一步一步地来，最终猜出整个单词。

本章的结尾还包含了参考部分，你会了解到一些常用的内建函数：数值法、字符串、列表和字典。

字符串理论

这个标题看起来有一点唬人，其实里面所包含的内容并不是传统意义的理论。在程序界，字符串是程序里的一串字母组合；而在Python中，如果想用变量来保存一个字符串，可以使用普通的等号“=”进行赋值。跟把数值赋值给变量不同，对于字符串，需要先用单引号（''）字符串括起来，然后再赋值给变量，如下所示：

```
>>> book_name = 'Programming Raspberry Pi'
```

如果你想看到变量的内容，可以直接在 Python Shell 里输入变量名，也可以使用 print 命令，就像之前学习的处理数值变量：

```
>>> book_name
'Programming Raspberry Pi'
>>> print(book_name)
Programming Raspberry Pi
```

这两种不同的方法输出的结果有一些细微的差别。如果只是输入变量名，Python 会在输出的结果两端加上单引号，以表明输出的结果是一段字符串。如果使用 print 命令，Python 只会输出一个值。

可以使用双引号来定义一个字符串，但是出于惯例，最好使用单引号。当然，也有一些特例，可能不得不使用双引号，如想创建的字符串里本身就已经有了单引号。

如果想知道字符串里有多少个字符，也可以采用这种方法：

```
>>> len(book_name)
24
```

也可以获取字符串中指定位置的字符：

```
>>> book_name[1]
'r'
```

这里有两点需要强调：首先，对于这类表示数组下标的参数，要使用方括号而不是圆括号；其次，位置是从 0 开始的。而不是从 1 开始，如果想找到这段字符串的首字母，需要输入以下代码：

```
>>> book_name[0]
'P'
```

如果输入的数字太大，超过了字符串的长度，可能会显示这样的结果：

```
>>> book_name[100]
Traceback (most recent call last):
  File "<stdin>", line 1, in <module>
IndexError: string index out of range
>>>
```

这其实是一个报错信息，Python 告诉我们：肯定在某些环节出问题了。更加确切地说，信息中的“string index out of range”表示：我们尝试了一些实现不了的事情。在这个例子中，只有 24 个字母的字符串是不可能有第 100 个字母的。

不仅如此，还可以在一段比较长的字符串中截取一部分比较短的字符串，如：

```
>>> book_name[0:11]
'Programming'
```

方括号内的第一个数字是截取字符串的开始位置，但是第二个数字并不像你想象中的那样代表结尾位置，而是把最后的一个字符的位置顺延一位。

接着，把“*raspberry*”这个单词从词条里截取出来。如果不确定中括号里的第二个数应该是多少，代码自动默认为延续到这个字符串的最后。

```
>>> book_name[12:]
'Raspberry Pi'
```

同样地，如果不确定第一位数应该定到哪里，代码也会默认到0位，即首位。

最后，还可以用加号“+”把字符串加在一起：

```
>>> book_name + ' by Simon Monk'
'Programming Raspberry Pi by Simon Monk'
```

列　表

在本书前面几章，已经做了很多关于数字的实验，而且一个变量只能包含一个数字。但是，列表可以让变量包含一组数字和字符串，甚至是包含一系列的小列表。图 4.1 清晰显示了当一个变量变成列表时的样子。

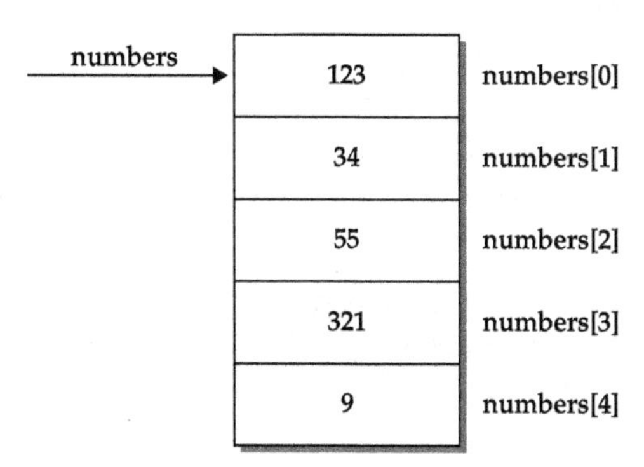

图4.1　数　组

列表在使用过程中有些像字符串，毕竟字符串只是字符的列表。

下面的例子示范了怎么创建一个列表。着重注意 `len`，看它在列表与字符串中是怎么使用的。

```
>>> numbers = [123, 34, 55, 321, 9]
>>> len(numbers)
5
```

方括号是用来标示列表的，就像在字符串中用方括号一样。之前就曾使用方括号在一大串字符串中截取一小部分，甚至可以找到某个具体的字符或数字。

```
>>> numbers[0]
123
>>> numbers[1:3]
[34, 55]
```

此外，可以使用等号“=”给列表中的项赋新值，如：

```
>>> numbers[0] = 1
>>> numbers
[1, 34, 55, 321, 9]
```

这样就把第一个项（0）从 123 变成了 1。

就像处理字符串那样，也可以用“+”操作符把它们都组合起来。

```
>>> more_numbers = [5, 66, 44]
>>> numbers + more_numbers
[1, 34, 55, 321, 9, 5, 66, 44]
```

如果想对它们排序，可以采取这种方法：

```
>>> numbers.sort()
>>> numbers
[1, 9, 34, 55, 321]
```

如果想从列表里移除一项，可以试试 pop 命令，如下面这段代码所示。如果不声明移除的内容是什么，代码将直接移除列表里的最后一项。

```
>>> numbers
[1, 9, 34, 55, 321]
>>> numbers.pop()
321
>>> numbers
[1, 9, 34, 55]
```

如果知道移除的内容在什么位置，直接在 pop 里声明一个数字，这个数字即代表了被移除项的位置。举例说明：

```
>>> numbers
[1, 9, 34, 55]
>>> numbers.pop(1)
9
>>> numbers
[1, 34, 55]
```

除了移除列表中的项，也可以在列表的特定位置增加项。使用 `insert` 函数时需要做两个声明：排在前面的代表插入的位置，后面的代表插入项的具体内容。

```
>>> numbers
[1, 34, 55]
>>> numbers.insert(1, 66)
>>> numbers
```

```
[1, 66, 34, 55]
```

想搞清楚这个列表到底多长时，需要用到 len(numbers)，但是想给列表排序或者把项从列表中“pop”出来时，需要在含有列表的变量后加一个点“.”，然后输入命令，如：

```
numbers.sort()
```

产生两种不同模式的原因是面向对象，有关该问题会在下一章进行细致的讲解。

也许包含了其他的列表，或者混合了非常繁杂的数据类型（如数字、字符串、逻辑值），列表的结构有时候会变得相当复杂。图 4.2 展示了下列代码的列表结构：

```
>>> big_list = [123, 'hello', ['inner list', 2, True]]
>>> big_list
[123, 'hello', ['inner list', 2, True]]
```

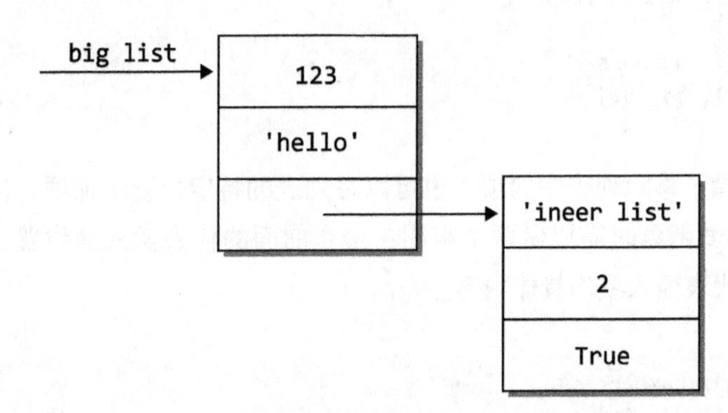

图4.2 复合列表

结合前面所学到的关于列表和 for 循环的知识，写一个能把列表中所有项都一行一行列出来的小程序：

```
#4_1_list_and_for
list = [1, 'one', 2, True]
for item in list:
  print(item)
```

这些都是程序输出的结果：

```
1
one
2
True
```

函 数

目前所写的这类小程序基本只有一个函数，把它们分解一下就能明显地看清楚究竟要实现什么目的。随着程序主体的不断增大，分析程序就变得更加困难，因此，把程序“肢解”成几个小单元就变得十分必要，这几个小单元就叫做函数。深入程序就会找到更好的方法来了解程序，如使用类或模块将程序结构化。

在本书之前的章节中，很多地方提到“命令”一词，其实它们都是 Python 的内建函数，如 range 和 print。

不管是何种程序，程序开发的最大问题就是控制其复杂度。优秀程序员写出来的程序都有很强的可读性，基本一看就能明白，而且，这也就要求程序中尽可能减少多余的注释。函数是帮助写出清晰易懂的代码的重要工具，这样的程序在需要修改时才会比较简单，改错的风险也会小很多。

虽然函数在程序中，但是函数本身也像一个小程序。可以用函数来包装想使用的一系列命令。声明的函数可以被用在程序的任何地方，而且函数内包含了变量和命令列表。函数执行完成后，程序会回到调用函数的位置继续往后执行。

举个例子，创建一个接受一个字符串作为参数的函数，用于将“please”这个单词加到传入的字符串参数后面。运行这段代码：

```
#4_2_polite_function
def make_polite(sentence):
  polite_sentence = sentence + ' please'
  return polite_sentence
print(make_polite('Pass the salt'))
```

这个函数以关键词 def 开头，后面跟着的是函数名，就像之前给变量命名一样。之后的圆括号里是参数，如果参数个数大于 1，需要用逗号“,”隔开。第一行必须以冒号“:”结尾。

在函数内部，在传入的字符串后面添加一个“please”字符串（包括前置的空格）并保存到一个名为 polite_sentence 的新变量中。这个变量只能被用于函数内部。

函数的最后一行是 return 命令。这是用来给函数指定返回值的，就是告诉函数什么值应该返回给代码，因此被称为“return”。它就像三角函数一样，如 sin，输入一个角度之后会返回一个数字。在这种情况下，返回的数值也就是变量 polite_sentence 的值。

要调用这个函数时，只需指定函数的名字和传入合适参数。函数的返回值不是必需的，因为有些函数只是为了执行一些操作，而不是为了计算结果。比如，我们可以写一个没什么实际价值的函数，它按参数指定的次数反复输出“Hello”字符串。

```
#4_3_hello_n
def say_hello(n):
  for x in range(0, n):
    print('Hello')
say_hello(5)
```

以上内容，其实都是为了之后要写的“吊死鬼”小游戏做铺垫。另外，还可能还需要学习很多其他的内容。

“吊死鬼”游戏

“吊死鬼”游戏其实是一个猜字谜的游戏，一般都是用纸和笔玩。游戏规则：一位玩家先选择一个单词，然后对应着单词的每个字母按照字母的个数画几条线，然后就轮到其他玩家来猜这个词。玩家每次只能猜一个字母，如果猜的字母不在谜底的单词里，就会失去一些生命，“吊死鬼”的一个部位就要被挂在绞刑架上。如果猜的字母在单词里，那么就必须把猜到的字母写在刚才的线上，连位置也需要表示出来。

这个游戏与Python有什么关系呢？试试用Python来陪着我们玩这个游戏：让Python选择一个单词，然后让我们来猜。不过这里要说明的是，以目前的水平，估计还无法让Python画“吊死鬼”，所以，Python只会告诉我们，还有多少生命。

考虑一下如何给Python建立一个单词列表，可从中选词。其实，也就是一个字符串列表：

```
words = ['chicken', 'dog', 'cat', 'mouse', 'frog']
```

列表建好之后，让Python从这几个单词里面随机选择一个。可以先写一个函数，让它自行测试一下：

```
#4_4_hangman_words
import random

words = ['chicken', 'dog', 'cat', 'mouse', 'frog']

def pick_a_word():
  word_position = random.randint(0, len(words) - 1)
return words[word_position]

print(pick_a_word())
```

试着多运行几次这个程序，测试一下是不是能选择列表里的不同单词。

下一步需要完善一下它的结构。创建一个新变量 lives_remaining。这个变量必须是整数，而且是从 14 开始往下减，每次猜错都会减 1。这种变量叫做全局变量，因为它不像程序里的其他变量，程序的任何地方都会用到它。

有了新变量，还需要写一个名为 play 的新函数，用来控制游戏。虽然知道 play 是用来做什么的，但是并没有弄清楚具体的细节。因此，可以写一个 play 的函数，然后创建需要的其他函数，如 get_guess 和 process_guess, 就像刚才写的 pick_a_word 函数一样：

```
def play():
  word = pick_a_word()
  while True:
    guess = get_guess(word)
    if process_guess(guess, word):
      print('You win! Well Done!')
      break
    if lives_remaining == 0:
      print('You are Hung!')
      print('The word was: ' + word)
      break
```

首先，“吊死鬼”小游戏包括选词，然后就进入一个识别输入的循环中，直到这个词被猜出来（process_guess 的返回值为“真”），或者 lives_remaining 减少到0。每次经过循环，都要让玩家重新猜一次。

不过现在还不能运行，因为 get_guess 和 process_guess 还不存在。但是，可以先写一个桩函数（*stub*），让 play 函数可以先运行起来。桩函数其实就是一些什么也不做的空函数，它们只是为实际的函数占了一个位置，以后可以再为它们写上实际的处理代码，成为一个完整的程序。

```
def get_guess(word):
  return 'a'

def process_guess(guess, word):
  global lives_remaining
  lives_remaining = lives_remaining - 1
  return False
```

get_guess 的桩函数只是模拟玩家一直在猜“a”的过程，而 process_guess 的桩函数一直假设玩家猜错。这样 lives_remaining 就会减1，然后返回 False 值，这也就意味着玩家输了。

process_guess 的桩函数有点复杂，第一行告诉 Python，lives_remaining 是一个全局变量。如果没有这一行 Python 会认为它是一个函数里的新变量。桩函数会减1返回 false。最终，我们会判定玩家是否猜中了单词中的全部字母。

打开文件 *4_5_hangman_play.py* 并运行，会得到如下结果：

```
You are Hung!
The word was: dog
```

因为很快用掉了 14 次猜测机会，Python 非常痛快地显示出正确答案，然后判定我们输了。

所以现在需要做的事情，就是尽快完善这个程序，然后把桩函数函数替换成真正的函数，还是从 get_guess 开始，如下所示：

```
def get_guess(word):
  print_word_with_blanks(word)
  print('Lives Remaining: ' + str(lives_remaining))
  guess = input(' Guess a letter or whole word?')
  return guess
```

get_guess 首先要做的就是用函数 print_word 告诉玩家目前猜词的状态，如 c--c--n，这就代表了有哪些词被猜出来了，还剩哪些字母没有猜出来，以及整个单词的字母组成顺序和结构。这里目前就是另外一个桩函数。之后玩家就需要知道还剩多少生命，因为生命也代表猜词的次数。这里要注意，需要在字符串 Lives Remaining: 后面添加一个数值变量 lives_remaining，数值变量必须通过内置 str 函数转化为字符串。

内建函数 input 会把参数作为提示符，并输出显示，然后返回用户输入的值。而在 Python 2 里，input 函数写做 raw_input。因此，如果决定使用 Python 2，别忘记把函数改成 raw_input。

最后，get_guess 函数会把用户输入的值作为返回值。

桩函数 print_word 只是提示还有一些东西需要输入：

```
def print_word_with_blanks(word):
  print('print_word_with_blanks:not done yet')
```

打开并运行文件 *4_6_hangman_get_guess.py*，将会得到如下结果：

```
not done yet
Lives Remaining: 14
 Guess a letter or whole word?x
not done yet
Lives Remaining: 13
 Guess a letter or whole word?y
not done yet
Lives Remaining: 12
 Guess a letter or whole word?
```

加油吧，游戏中生命是有限的，在屏幕上显示“losing”前，开动脑筋全力猜。

下一步，可以给 print_word 创建一个恰当的版本。这个函数用来显示一些类似 c--c--n 的信息，所以，需要知道玩家猜的是哪些字母、没猜的是哪些字母。要想实现这种功能，采用一个能包含所有猜的字母的新的全局变量（这次是字符串）。每次猜的字母都会被添加到这个字符串里：

```
guessed_letters = ''
```

这是函数本体：

```
def print_word_with_blanks(word):
  display_word = ''
  for letter in word:
    if guessed_letters.find(letter) > -1:
      # letter found
      display_word = display_word + letter
    else:
      # letter not found
      display_word = display_word + '-'
  print display_word
```

这个函数以空字符串开头，然后会一步一步地用字母把整个单词填满。如果玩家猜了正确的字母，就会添加字母到 display_word；否则，就会添加一个连字符（-）。内建函数 find 用来检测这个字母是否在 guessed_letters 当中。如果 find 函数的返回值是 -1，表明字母不在里面；否则，便会返回字母的位置。我们真正关心的是它是不是在那，所以，只需要检查结果是不是 -1 就行。最终，单词会被输出并显示。

目前 process_guess 还只是一个桩函数，所以每次调用它时，其实并不做任何事情。我们对它做一些改进，让它把猜过的字母放入 guessed_letters：

```
def process_guess(guess, word):
  global lives_remaining
  global guessed_letters
  lives_remaining = lives_remaining - 1
  guessed_letters = guessed_letters + guess
  return False
```

如果想查看运行结果，可以直接打开文件 *4_7_hangman_print_word.py* 并运行：

```
-------
Lives Remaining: 14
 Guess a letter or whole word?c
c--c---
Lives Remaining: 13
 Guess a letter or whole word?h
ch-c---
Lives Remaining: 12
 Guess a letter or whole word?
```

现在看起来，这个游戏终于有点像模像样了。但是现在 process_guess 还是在使用桩函数。所以还需进行以下改动：

```
def process_guess(guess, word):
  if len(guess) > 1:
    return whole_word_guess(guess, word)
  else:
    return single_letter_guess(guess, word)
```

当玩家输入猜的字母时，有两个选择：第一，随机地输入一个字母；第二，通过字母的个数从而大体猜测整个单词。在这种情况下，不管采用哪种方法，都能调出 whole_word_guess 或者 single_letter_guess。因为这些函数用起来都很直观，所以执行时不需要绕道桩函数。

```
def single_letter_guess(guess, word):
  global guessed_letters
  global lives_remaining
  if word.find(guess) == -1:
    # word guess was incorrect
    lives_remaining = lives_remaining - 1
  guessed_letters = guessed_letters + guess
  if all_letters_guessed(word):
    return True
def all_letters_guessed(word):
  for letter in word:
    if guessed_letters.find(letter) == -1:
      return False
  return True
```

事实上，whole_word_guess 函数要比 single_letter_guess 简单很多：

```
def whole_word_guess(guess, word):
  global lives_remaining
  if guess.lower() == word.lower():
    return True
  else:
```

```
      lives_remaining = lives_remaining - 1
      return False
```

我们所要做的就是把猜的字母与谜底单词相比较，然后看看都转化成小写字母时是否相同。如果不一样，就损失一些生命。如果猜中，函数的返回值为 True，否则返回 False。

这就是整个程序，如果想查看，可以在 IDLE 编辑器里直接运行 *4_8_hangman_full.py*。为了方便起见，下面把整个程序都列出了。

```
#04_08_hangman_full
import random
words = ['chicken', 'dog', 'cat', 'mouse', 'frog']
lives_remaining = 14
guessed_letters = ''


def play():
  word = pick_a_word()
  while True:
    guess = get_guess(word)
    if process_guess(guess, word):
      print('You win! Well Done!')
      break
    if lives_remaining == 0:
      print('You are Hung!')
      print('The word was: ' + word)
      break
def pick_a_word():
  word_position = random.randint(0, len(words) - 1)
  return words[word_position]

def get_guess(word):
  print_word_with_blanks(word)
  print('Lives Remaining: ' + str(lives_remaining))
  guess = input(' Guess a letter or whole word?')
  return guess
```

```
def print_word_with_blanks(word):
  display_word = ''
  for letter in word:
  if guessed_letters.find(letter) > -1:
    # letter found
    display_word = display_word + letter
  else:
    # letter not found
    display_word = display_word + '-'
  print(display_word)

def process_guess(guess, word):
  if len(guess) > 1:
    return whole_word_guess(guess, word)
  else:
    return single_letter_guess(guess, word)

def whole_word_guess(guess, word):
  global lives_remaining
  if guess == word:
    return True
  else:
    lives_remaining = lives_remaining - 1
    return False

def single_letter_guess(guess, word):
  global guessed_letters
  global lives_remaining
  if word.find(guess) == -1:
    # letter guess was incorrect
    lives_remaining = lives_remaining - 1
  guessed_letters = guessed_letters + guess
  if all_letters_guessed(word):
    return True
  return False


def all_letters_guessed(word):
  for letter in word:
    if guessed_letters.find(letter) == -1:
      return False
```

```
    return True

play()
```

这个游戏仍然有几个局限性。首先，它会区分大小写，所以在输入字母时一定要输入小写字母，就像 words 数组中所存的单词一样。其次，如果只是想猜“a”，但是不小心输入了“aa”，这样程序会认为你在尝试猜出整个单词，虽然整个单词比这个长多了。或许，这个游戏应该注意到这一点：只有在输入了与整个单词的长度相当的字符时才能按照猜整词来计算。

作为练习，你或许可以试试自己去解决上述几个问题。这里提示一下，对于大小写问题，可以试一下内建函数 lower。如果要尝试更改，可以参考 *4_8_hangman_full_solution.py* 这个文件，里面是一个已修改好的版本。

字　典

在最开始或工作中，你可能突然想看自己的数据，这时，列表其实是最好的方法。但是这种办法既慢又费劲，因为数据体系太庞大了，很难找到想要的东西，就像在看一本没有目录或索引的书一样，只能一页一页地查找，甚至还可能错过。

字典，就像所想的一样，能够帮助你快速找到数据的。使用字典时，首先得找到一个值作为关键词。想要哪个值，就把它作为关键词即可。这有点像之前学过的变量和变量的值。但是，它们还是有区别的，字典里的关键词和值只有在程序运行时才会被创建。

以下列程序为例：

```
>>> eggs_per_week = {'Penny': 7, 'Amy': 6, 'Bernadette': 0}
>>> eggs_per_week['Penny']
```

```
7
>>> eggs_per_week['Penny'] = 5
>>> eggs_per_week
{'Amy': 6, 'Bernadette': 0, 'Penny': 5}
>>>
```

这个例子是用来记录每只鸡下蛋的数量。它把鸡的名字与每周下的蛋的数量相关联。想要得到一只鸡的值时（此例中给它命名为Penny），在方括号里用的正是这个名字，而不是之前列表里的索引编号。另外，也可以用同样的语法来修改其中的值。

如果 Bernadette 要下一个蛋了，可以按以下方法来更新记录：

```
eggs_per_week['Bernadette'] = 1
```

当字典输出时，它里面的项并不是按照定义的顺序排列的。事实上，字典本身也不会按照定义顺序来排列里面的项。同样，虽然用字符串作为关键词，而且有数作为数值，但是，关键词还是字符串、数值或元组（tuple），但是数值可以是任何数据，甚至包括列表和另一个字典。

元　组

与列表相比，元组看起来跟列表很类似，但是，不包括方括号。因此，一般这样定义和使用元组：

```
>>> tuple = 1, 2, 3
>>> tuple
(1, 2, 3)
>>> tuple[0]
1
```

但是，如果想改变元组里的一个项，会得到一个报错信息，如下所示：

```
>>> tuple[0] = 6
Traceback (most recent call last):
  File "<stdin>", line 1, in <module>
TypeError: 'tuple' object does not support item assignment
```

为什么会得到这样的报错信息呢？因为元组是不可以改的，字符串和数字也一样。虽然可以通过修改变量，让它们指向不同的字符串、数值或元组内，但是不能改变数字本身。换句话说，如果变量指向一个列表，可以修改列表，如增加、删除或修改里面的元素。

如果元组只是只能看、不能动的代码，用它干什么？一般来说，元组的作用是帮助创建临时集合，这些集合里可以暂时存放着可能会用到的项，Python 里有很多像元组这样的组件，下文中会详细讲解。

多重赋值

若想赋值给变量，只能用等号“=”，如：

```
a = 1
```

Python 也可以在同一行内完成多重赋值，如：

```
>>> a, b, c = 1, 2, 3
>>> a
1
>>> b
2
>>> c
3
```

多重返回值

有时在函数内，需要一次返回多个返回值。设想一个函数包含一系列数字，而仅需要最大值和最小值，怎么办？可以按照以下方案解决：

```
#04_09_stats
def stats(numbers):
  numbers.sort()
  return (numbers[0], numbers[-1])
list = [5, 45, 12, 1, 78]
min, max = stats(list)
print(min)
print(max)
```

这个寻找最大值和最小值的方法并不是很有效。当然，这只是一个范例，将列表分类以后，取第一个数和最后一个数。注意，当给数组和字符串提供一个逆向的索引顺序时，numbers[-1] 返回的是最后一个数，而 Python 也是从列表或字符串的最后向前倒着数。

因此，位置 -1 意味着最后一个元素，而 -2 代表倒数第二个，以此类推。

异常处理

Python 会用异常处理来标记程序里出错的地方，所以，程序运行时总难免会蹦出几处错误。之前讨论过的常见问题就是，想要去获取许可范围外的列表或字符串里的项，最容易产生错误。例如：

```
>>> list = [1, 2, 3, 4]
>>> list[4]
Traceback (most recent call last):
  File "<stdin>", line 1, in <module>
```

```
IndexError: list index out of range
```

如果在运行程序时得到了错误的信息，你会对最后的报错感到很纳闷。Python 给截取这种错误创建了一种机制，能够用自己的办法解决问题：

```
try:
  list = [1, 2, 3, 4]
  list[4]
except IndexError:
  print('Oops')
```

下一章会继续介绍一下异常处理的问题，你也会多少了解一些常见错误发生的情况。

函数参考

本章内主要介绍 Python 的一些重要特色。当然，Python 的特色远远不止这些，但是受篇幅限制不得不做出一些取舍。因此，这个部分将会提供一些之前提到的关键特色和功能。你可以把它做一下归类和整理，以便日后使用时查阅和复习。这里还要提醒大家，一定要亲手试一下这些功能。当然，也不用把所有功能都挨个试——目前来说，首先掌握所需的，然后记住有一个资源表就可以了，以后需要时再查阅。

若还想对 Python 的知识有更深了解，可以登录网址：*http://docs.python.org/py3k*。

数值函数

表 4.1 显示了一些可以与数字一起使用的函数。

表4.1 数值函数

函 数	说 明	例 子
abs(x)	回归绝对值（去掉“-”负号）	>>>abs(-12,3)12.3
bin(x)	用于转化为二进制	>>>bin(23)'0b10111'
complex(r,i)	用实数和虚数组成一个复数，一般用在科学和工程上	>>>complex(2,3)(2+3j)
hex(x)	用来转化成十六进制字符串	>>>hex(255)'oxff'
oct(x)	用来转化成八进制字符串	>>>oct(9)'0o11'
round(x,n)	把 x 约到 n 位小数	>>>round(1, 111111,2)1.11
math.factorial(n)	阶乘积函数（4*3*2*1）	>>>math.factorial(4)23
math.log(x)	自然对数	>>>math.log(10) 2.302585092994046
math.pow(x,y)	x 的 y 次幂	>>>math.pow(2,8)256.0
math.sqrt(x)	平方根	>>>math.sqrt(16)4.0
math.sin,cos,tan, asin,acos,atan	三角函数	>>>math.sin(math. pi/2)1.0

字符串

字符串一般都被单引号（通常都是）和双引号包裹着。双引号一般都是把之前使用的单引号包在里面时才会用，如：

```
s = "Its 3 o'clock"
```

有些情况下，可能还包含一些特殊字符，如要在字符串里插入行尾符或制表符，因此需要用到转义字符——以反斜杠（\）开头。以下几个可能会经常用到：

- **\t** 制表符；
- **\n** 新行符。

表 4.2 展示了一些可能会用在字符串上的功能。

表4.2 字符串函数

函 数	说 明	例 子
s.capitalize()	将首字母大写，后面的字母小写	>>>'aBc'.capitalize()' Abc'
s.center (width)	用空格来填充字符串使之在指定的宽度内居中，但是你也可以通过参数指定自定义的填充字符	>>>'abc'.center(10,'-')' ---abc---'
s.endswith (str)	如果字符串的结尾相符，就会返回 True	>>>'abcdef' .endwith('def') True
s.find(str)	返回子串的位置，可以通过增加搜索内容来限定搜索范围	>>>'abcdef'.find('de') 3
s.format(args)	用模板来更换字符串内“{}”符号里的内容	>>>"Its{0}pm".for-mat('12') "Its12pm"
s.isalnum()	如果所有的字符都是字母或者数字，就返回 True	>>>'123abc'.isalnum() True
s.isalpha()	如果所有的字符都是按照字母顺序排列，就返回 True	>>>'123abc.isalpha() False
s.isspace()	如果字符是空格、Tab 或者其他类空格的字符，就返回 True	>>>'\t'.isspace() True
s.ljust(width)	类似 center()，但是居左	>>>'abc'.ljust(10,'-') 'abc-------'
s.lower()	把字符串内的字符都小写	>>>'AbCdE'.lower() 'abcde'
s.replace(old. new)	把字符串中的 old 串全部替换为 new	>>>'helloworld' .replace('world', 'there')'hello there'
s.split()	以数组的方式返回一个字符串中以空格分隔的各个子串。可以用参数来指定分隔字符。程序中常常会用到以行尾符(\n)作为分隔字符	>>>'abc def'.split() ['abc','def']
s.splitlines()	把字符串分到新一行的字符	
s.strip()	把字头和字符尾的空格键去掉	>>>' a b '.strip() 'a b'

续表4.2

函　数	说　明	例　子
s.upper()	与 lower() 相对，把所有字母大写	

列　表

我们已经介绍了列表的大部分特性，表 4.3 是针对这些特性的总结。

表4.3　列表函数

函　数	说　明	例　子
del(a[i:j])	去掉数组中的元素，从 i 到 j-1	>>>a=['a','b','c'] >>>del(a[1:2]) >>>a ['a','c']
a.apppend(x)	在列表尾部加上一个新元素	>>>a=['a','b','c'] >>>a.append('d') >>>a ['a',‘b','c','d']
a.count(x)	计算某字母出现的次数	>>>a=['a','b','a'] >>>a.count('a') 2
a.index(x)	返回值为 a 中 x 首次出现的位置，可以选择参数用于开头或结尾位置的索引	>>>a=['a','b','c'] >>>a.index('b') 1
a.insert(i,x)	在列表中的 i 位置插入 x	>>>a=['a','c'] >>>a.insert(1,'b') >>>a ['a','b','c']
a.pop()	返回值为列表最后一个元素并且移除它，可选参数让你选择其他索引位置来移除	>>>a=['a','b','c'] >>>a.pop(1) 'b' >>>a ['a','c']
a.remove(x)	移除特定的元素	>>>a=['a','b','c'] >>>a.remove('c') >>>a ['a','b']

续表4.3

函　数	说　明	例　子
a.reverse()	逆向排序列表	>>>a=['a','b','c'] >>>a.reverse() >>>a ['c','b','a']
a.sort()	给列表排序，给目标排序时有高级选项，下章会详细讲解	

字　典

表 4.4 列举一些关于字典方面你需要了解的知识。

表4.4　字典函数

函　数	说　明	例　子

len(d)	返回字典中项的数量	>>> d ={'a':1,'b':2}
		>>> len(d)
		2

del(d[key])	在字典中删除项	>>> d ={'a':1,'b':2}
		>>> del(d['a')
		>>> d
		{'b': 2}

key in d	如果字典(d)中包含关键词，就返回 True	>>> d ={'a':1,'b':2}
		>>> 'a' in d
		True

d.clear()	移除字典中所有项	>>> d ={'a':1,'b':2}
		>>> d,clear()
		>>> d
		{}

g e t (k e y , default)	返回关键词中的值，或者默认没有关键词	>>> d ={'a':1,'b':2}
		>>> d.get('c', 'c')
		'c'

类型转化

关于类型转化之前已经讨论过了，想要把常数转化成字符串的时候，可以把它附加到另一个字符串上。Python 包含一些转化项的内建函数，从而完成对类型的转化，具体细节参照表 4.5。

表4.5　类型转化

函　数	描　述	例　子

float(x)	把 x 转换为浮点数	>>> float('12.34')
		12.34
		>>> float(12)
		12.0

int(x)	可以通过额外的可选参数来指定转换时所使用的进制	>>> int(12.34) 12 >>> int('FF',16) 255

list(x)	把 x 转化为列表，这种方法也是获取列表和字典关键词的一个好方法	>>> list('abc')
		['a','b','c']
		>>> d ={'a':1, 'b':2}
		>>> list(d)
		['a','b']

小　结

Python 这个大“宝库”里的“宝贝”真是太多了，所以，就算无法学完 Python 里的所有命令，也可以达到一个很高的水平，而且，学全 Python 里的所有东西也是没有必要的：需要用时查一下 Python 命令。

下一章主要介绍 Python 是如何管理自己的面向对象的。

第 5 章

模块、类和方法

Modules, Classes, and Methods

这一章将具体讨论如何使用自己的模块，就像在第 3 章里用的 random 模块一样。与此同时，还会讨论 Python 如何实现面向对象，让程序结构化到相应的类里，每个程序能够很好地处理自己需要做的事情。这对于降低程序的复杂程度及日后的管理都非常有益。类和方法是最有用的机制。其实，以前的章节已经多次用到内建类与方法。

模 块

很多计算机语言都有类似模块的概念，因为有了模块，就可以自己创建一些方便使用的函数了。这种模块不仅可以使用在当前项目里，还可以用在其他项目里，需要时直接调用即可。

Python 下用模块来组织函数的方式非常简单有效，任何带有 Python 代码的文件都可以当做同名的模块文件来使用。但是，在写模块之前，应先了解如何使用 Python 已经安装的模块文件。

使用模块

在之前使用 random 模块时，需要进行以下操作：

```
>>> import random
>>> random.randint(1, 6)
6
```

第一步就是要告诉 Python，将要通过 import 命令来使用

random 模块。在 Python 安装时，文件 *random.py* 包含了 randint 函数和其他的一些函数。

虽然有了这么多可供使用的函数，但是其中也隐含了一些陷阱，因为不同的模块里可能有一些函数是重名的。这样，Python 怎么知道到底应该用哪个函数呢？其实不用担心这件事，因为已经导入了这个模块，而且在函数名前会加上模块名，并且带一个点。接下来，就试试省略模块名：

```
>>> import random
>>> randint(1, 6)
Traceback (most recent call last):
  File "<stdin>", line 1, in <module>
NameError: name 'randint' is not defined
```

其实这样做相当麻烦，因为需要把模块名放在每个函数名前面。这里可以告诉大家一个小技巧，可以直接加在 import 命令里，这样可以省很多事：

```
>>> import random as r
>>> r.randint(1,6)
2
```

这就给模块取了一个新名字，不过这个名字只能在这个程序内用。这样就可以用“r”来代替“random”了。

如果担心随便取新名字会造成程序看起来很混乱，可以采用以下方法：

```
>>> from random import randint
>>> randint(1, 6)
5
```

用这种方法，就可以导入模块里任意函数而不用担心出现错误。如果不知道模块里究竟都有什么，可以采用下面这种方法，但这可能并不是一个好方法：

```
>>> from random import *
>>> randint(1, 6)
2
```

其中，“*”符号代表所有函数。

Python 库

我们已经尝试用了 `random` 模块，其实 Python 里有很多模块。这些模块叫做 Python 的标准库。你可以在网址 *http://docs.python.org/release/3.1.5/library/index.html* 找到所有 Python 模块的清单。

此处所列为几个非常常用且非常有用的模块：

- **string** 字符串工具；
- **datetime** 用来操作时间和日期；
- **math** 数学函数（sin、cos 等）；
- **pickle** 用来存储和恢复文件的数据结构（第 6 章）；
- **urllib.request** 用来读取网页（第 6 章）；
- **tkinter** 用来创建图形用户界面（第 7 章）。

安装新模块

除了 Python 的标准库模块，Python 社区还贡献了成千上万自制模块。有一个非常流行的模块叫做 `pygame`，我们将会在第 8 章详细介绍。一般来说，它都在程序包里，所以可以通过以下命令安装：

```
sudo apt-get install python-pygame
```

安装 Pygame 这个 Python 模块是一个特例，其实，对于很多模块来说，安装还是有一定难度的，没有这么轻松。

很多模块都可以在 Python 下完美运行。这就意味着，如果想安装它，需要下载一个包含模块目录的压缩文件。以后续要用到的模块为例，RPi.GPIO 模块将在第 11 章用到。要想安装这个模块，先要去这个模块的网站，找到下载页面，然后下载下来，如图 5.1 所示。下一步就是把文件存在方便使用的地方，如第 3 章里用的 *Python* 目录。

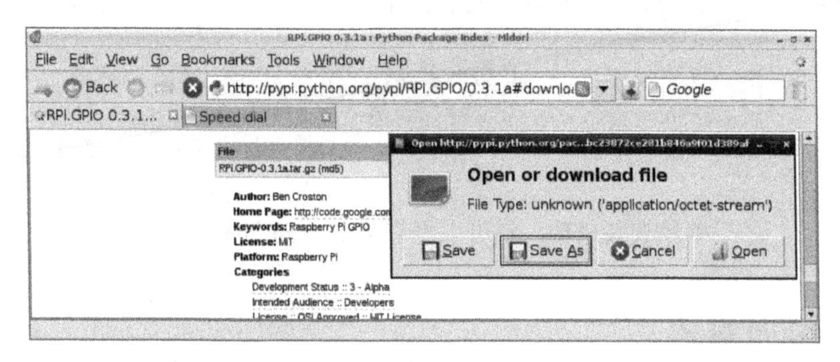

图5.1 下载RPi.GPIO 模块

当文件保存妥当以后，直接打开 LXTerminal，然后使用 cd 访问 *Python* 目录：

```
pi@raspberrypi:~/Python$ ls
RPi.GPIO-0.3.1a.tar.gz
```

然后，需要输入以下命令，把目录里的文件解压出来：

```
pi@raspberrypi:~/Python$ tar -xzf RPi.GPIO-0.3.1a.tar.gz
pi@raspberrypi:~/Python$ ls
RPi.GPIO-0.3.1a RPi.GPIO-0.3.1a.tar.gz
```

现在已经给模块准备了一个新的文件夹，你需要用 cd 进入文件夹，然后执行 install 命令。但是，这时必须先看一下介绍，看看有没有什么其他需要注意的地方，输入 more INSTALL.txt 就可以看到介绍了。

介绍中说到，你还需要做这样一件事：

```
sudo apt-get install python3-dev
```

最后，可以运行模块的安装程序了：

```
pi@raspberrypi:~/Python$ cd RPi.GPIO-0.3.1a
pi@raspberrypi:~/Python/RPi.GPIO-0.3.1a$ sudo python3
setup.py install
```

一旦模块安装成功，就可以把它从 Python Shell 里完整导入。

面向对象

面向对象与模块有很多共同点。它们都是把相关的项进行整合，从而方便管理和寻找。就像名称中所说的那样，面向对象是关于对象的。之前已经用过对象很多次了。字符串其实就是一个对象。例如，输入：

```
>>> 'abc'.upper()
```

这是在告诉字符串 'abc' 需要它变成大写。在面向对象里，abc 是内建类 str 的实例，upper 是类 str 的方法。

另外，可以通过代码获知一个对象的类型，如下所示（注意类前后的双下划线）：

```
>>> 'abc'.__class__
<class 'str'>
>>> [1].__class__
<class 'list'>
>>> 12.34.__class__
<class 'float'>
```

定义类

已经尝试过很多现有的类了。现在可以尝试以下创建我们自己的类。本节将创建一个能够换算单位的类。

首先，给这个类起一个名字：ScaleConverter。这是整个类的源代码，以及几行测试代码：

```
#05_01_converter
class ScaleConverter:
  def __init__(self, units_from, units_to, factor):
    self.units_from = units_from
    self.units_to = units_to
    self.factor = factor
  def description(self):
    return 'Convert ' + self.units_from + ' to ' +
    self.units_to
  def convert(self, value):
    return value * self.factor

c1 = ScaleConverter('inches', 'mm', 25)
print(c1.description())
print('converting 2 inches')
print(str(c1.convert(2)) + c1.units_to)
```

第一行很容易理解，它表示我们定义这个名为 ScaleConverter 的类。结尾处的冒号“：”表示后面的项直到缩进重新回到最左边之前，都是类定义的一部分。

在 ScaleConverter 里可以看到，它貌似有 3 个函数定义。这些函数都属于类，除非通过类实例化，否则它们是不能用的。这种属于类的函数叫做方法。

第一个方法，__init__，看起来有点奇怪，因为字符两边各有一条下划线。当 Python 给类创建一个新的实例之后，就被称为 __init__ 方法。__init__ 所有的参数的数量取决于类实例创建时所提供的参数数量。要解决这个问题，需要查看文件最后一行：

```
c1 = ScaleConverter('inches', 'mm', 25)
```

这一行代码给 ScaleConverter 创建了一个新实例，说明换算单位是什么、换算成了什么以及换算系数是多少。类的 __init__ 方法 必须拥有这些参数，而且它必须把 self 作为第一个参数：

```
def __init__(self, units_from, units_to, factor):
```

self 参数指的是对象本身。现在看看这个 __init__ 方法的主体部分：

```
self.units_from = units_from
self.units_to = units_to
self.factor = factor
```

主体部分每一项都会创建一个属于对象的新变量，而且也会把最开始参数的值传到 __init__。

为了看起来更加简明，输入以下命令可以创建一个新变量：

```
c1 = ScaleConverter('inches', 'mm', 25)
```

Python给ScaleConverter创建了一个新实例，而且把'inches'、'mm'和25赋值给它的三个新变量：self.units_from、self.units_to和 self.factor。

在讨论类相关的话题时，经常会用到“封装”这个词。设计一个类的重要目的之一就是把与这个类相关的数据和方法都封装到一起。在前面的例子中，就是要把数据（那三个变量）和对数据的操作（description 和 convert 方法）保存在一起。

以 description 方法为例，它可以从 converter 类的对象中获取转换单位的信息，并据此生成描述用的字符串。正如 __init__ 那样，所有的方法都必须有第一个 self 参数，这些方法在需要的时候，就可以访问到它所属的类的成员变量了。

你可以尝试一下 *05_01_converter.py* 这个程序，然后在 Python Shell 下输入这段代码：

```
>>> silly_converter = ScaleConverter('apples', 'grapes', 74)
>>> silly_converter.description()
'Convert apples to grapes'
```

convert 方法有两个参数：作为类的方法必须要有的 self 参数和一个被称为 value 的参数。这个方法很简单地算出了 value 值乘以 self.scale 之后的结果：

```
>>> silly_converter.convert(3)
222
```

继 承

ScaleConverter 类别适合于长度单位之类的单元，但是，并不适用于换算温度。例如，从摄氏度换算到华氏度。因为华氏度转化到摄氏度的公式是 $F= C\times 1.8 + 32$，这就说明，除了要有一个比例系数（1.8）之外，还要有偏移系数（32）。

创建 ScaleAndOffsetConverter 类，就像创建 ScaleConverter 一样，但是除了要添加 factor，还需要添加 offset。有一种很简单的方法，把之前的 ScaleConverter 复制过来再稍加修改，添加一些变量即可。修改之后，与下面这段代码差不多：

```
#05_02_converter_offset_bad
  class ScaleAndOffsetConverter:
    def __init__(self, units_from, units_to, factor, offset):
      self.units_from = units_from
      self.units_to = units_to
      self.factor = factor
      self.offset = offset
    def description(self):
      return 'Convert ' + self.units_from + ' to ' + self.units_to

    def convert(self, value):
      return value * self.factor + self.offset

c2 = ScaleAndOffsetConverter('C', 'F', 1.8, 32)
print(c2.description())
print('converting 20C')
print(str(c2.convert(20)) + c2.units_to)
```

若想在程序内包含这两种换算器，那么上面这种修改代码的办法就适用了，因为它会造成代码的重复。Description 方法是完全相同的，而且 __init__ 也极其相似。所以，此处推荐一种更好的办法——继承。

继承在类里的用法，就是给已经存在的类再创建一个版本，而且，继续使用父类里的变量和方法，只是添加或覆盖了几个代码。图 5.2 列出一张两个类的表，用来说明 ScaleAndOffsetConverter 是如何从 ScaleConverter 中继承的，添加新变量（offset）并且覆盖 convert（因为它们运行起来有些不同）。

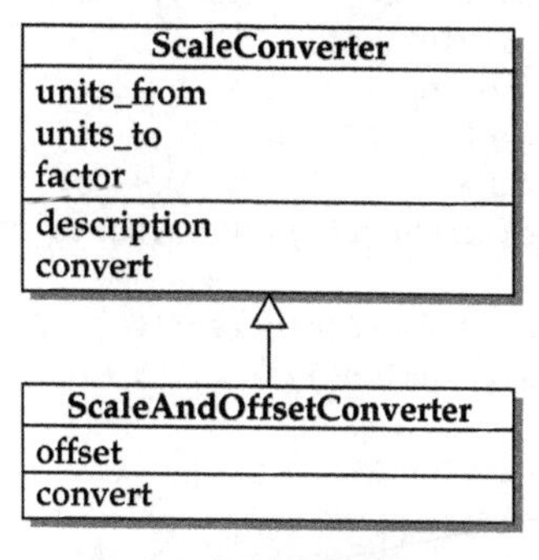

图5.2 继承的一个例子

一些使用继承 ScaleAndOffsetConverter 的类定义如下所示：

```
class ScaleAndOffsetConverter(ScaleConverter):

  def __init__(self, units_from, units_to, factor, offset):
    ScaleConverter.__init__(self, units_from,
    units_to, factor) self.offset = offset

  def convert(self, value):
    return value * self.factor + self.offset
```

首先要注意 ScaleAndOffsetConverter 的类定义后面，紧接着就是 ScaleConverter。这就是如何区别类中父类的方法。

对于 ScaleConverter 的新“子类”来说，__init__ 方法首先要请求父类的 __init__ 方法，之后才可以定义新变量 offset。而 convert 方法将会覆盖父类中的 convert 方法，因为需要给这种换算器里增加一个 offset。你可以通过运行文件 *05_03_converters_* *final.py*，来看看两个类同时运行时的效果：

```
>>> c1 = ScaleConverter('inches', 'mm', 25)
>>> print(c1.description())
Convert inches to mm
>>> print('converting 2 inches')
converting 2 inches
>>> print(str(c1.convert(2)) + c1.units_to)
50mm
>>> c2 = ScaleAndOffsetConverter('C', 'F', 1.8, 32)
>>> print(c2.description())
Convert C to F
>>> print('converting 20C')
converting 20C
>>> print(str(c2.convert(20)) + c2.units_to)
68.0F
```

这其实是一个很简单的小程序，就是把两个类放到一个模块里，以便在其他程序里也可以调用。而且，在第 7 章就会用到这个模块。在第 7 章中会给它添加图形用户界面，是不是很期待？

要想把这个文件转化为模块，首先要把代码从头到尾测试一遍，然后给文件起一个更加易记的名字（当然，主要是便于理解）——*converters.py*。你也可以在与本书相关的下载中找到，这个模块必须与其他想用的程序在同一个目录下。

需要使用时，只需要输入以下命令即可：

```
>>> import converters
>>> c1 = converters.ScaleConverter('inches', 'mm', 25)
>>> print(c1.description())
Convert inches to mm
>>> print('converting 2 inches')
converting 2 inches
>>> print(str(c1.convert(2)) + c1.units_to)
50mm
```

小 结

Python 里其实有很多模块可用，尤其是对于 Raspberry Pi，如 `RPi.GPIO` 可以用来控制 Raspberry Pi 的 GPIO 接口排针。继续阅读本书，将会遇到各种各样的模块，你也会发现需要写的程序也越来越复杂了，面向对象的作用也会越来越大——它对于设计项目以及为项目写代码都非常有用，而且所有程序管理起来都非常方便。

下一章将介绍如何使用文件和互联网。

第 6 章

文件与互联网

Files and the Internet

Python 会使程序在使用文件和连接互联网时变得非常方便。你可以从文件里读取数据，往文件里写数据，而且可以从互联网上获取内容，甚至可以从程序里查看邮件或更新微博。

文　件

Python 程序运行结束后，变量里存储的任何值都会丢失。而文件就是让数据能够"永久"存在的一种方式。

读取文件

利用 Python 读取文件内容的操作非常简单。举个例子来说，可以把第 4 章里做的"吊死鬼"猜词游戏进行修改，让程序直接从一个文件里挑选谜底单词，而不是写在程序中。

首先，在 IDLE 里创建一个新文件，然后随便写几个单词，每个占一行。将其命名为 hangman_words.txt，并且保存在与"吊死鬼"程序同一个目录下，就是第 4 章中的 *04_08_hangman_full.py*。注意，在保存对话框里需要把文件类型存为 *.txt*（图 6.1）。

在调整"吊死鬼"游戏之前，先在 Python 控制台中试一下读取文件的功能，在控制台内输入：

```
>>> f = open('Python/hangman_words.txt')
```

这里需要强调的是，Python 的控制台的当前目录是 */home/pi*，所以必须调到目录 Python 下（或者保存文件的地方）。

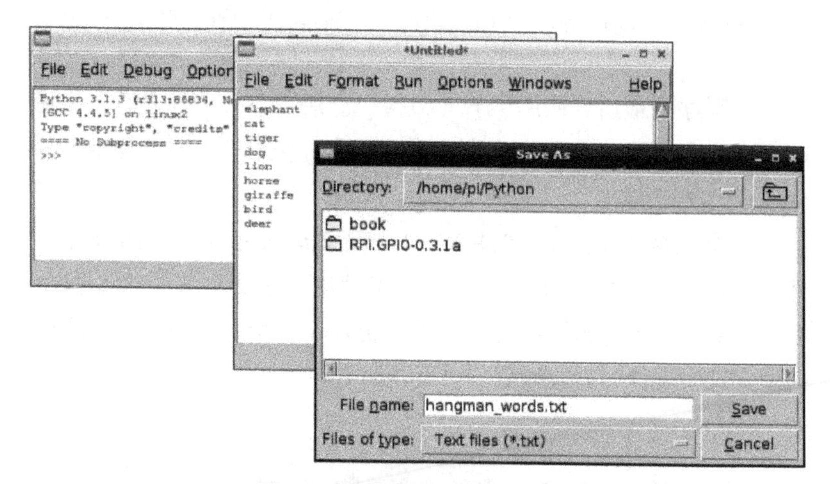

图6.1 在IDLE里创建文本文件

接着，在 Python 控制台中输入：

```
>>> words = f.read()
>>> words
'elephant\ncat\ntiger\ndog\nlion\nhorse\ngiraffe\
  nbird\ndeer\n'
>>> words.splitlines()
['elephant', 'cat', 'tiger', 'dog', 'lion', 'horse',
'giraffe', 'bird', 'deer']
>>>
```

需要做的就是把文件加入“吊死鬼”程序中，并且用下面代码：

```
f = open('hangman_words.txt')
words = f.read().splitlines()
f.close()
```

替换掉原来这一行：

```
words = ['chicken', 'dog', 'cat', 'mouse', 'frog']
```

在程序的最后，调用了 f.close()。用完一个文件之后，使用 close 命令关闭，以释放系统资源；如果一直开着文件，可能会导致程序出现问题。

这个完整的程序在文件 *06_01_hangman_file.py* 内，而且在文件 *hangman_words.txt* 里还有一些关于动物名字的列表。这个程序在读取文件之前并没有检测该文件是否存在，所以，如果这个路径内没有这个文件，就会得到一个报错信息：

```
Traceback (most recent call last):
  File "06_01_hangman_file.py", line 4, in <module>
    f = open('hangman_words.txt')
IOError: [Errno 2] No such file or directory: 'hangman_
  words.txt'
```

为了方便用户，读取文件的代码需要加入一个 try 命令：

```
try:
  f = open('hangman_words.txt')
  words = f.read().splitlines()
  f.close()
except IOError:
  print("Cannot find file 'hangman_words.txt'")
  exit()
```

这样，如果文件在指定路径内，Python 就会打开它；如果文件不存在，Python 将停止操作。因此，这个程序的 except 部分将启用，并且显示一个相对来说比较友好的信息。因为如果找不到单词表，就可能什么也做不了，这个程序就没法继续下去，所以，exit 命令用来退出程序。

在写报错信息时重复了文件名，这其实是我们犯的一个错误。记不记得之前提到的 DRY 原则？拒绝重复！所以，文件名应该放在一个变量里，就像下面的代码所示。这样，如果决定使用不同的文件名，只需要在一个地方修改代码即可。

```
words_file = 'hangman_words.txt'
try:
  f = open(words_file)
  words = f.read().splitlines()
  f.close()
except IOError:
  print("Cannot find file: " + words_file)
  exit()
```

你可以在 *06_02_hangman_file_try.py* 文件里找到这段调整过的代码。

读取大文件

之前主要是如何读取一个小文件，仅仅是包含几个单词。那么，想要读取一个大文件（如几个 MB 的文件）时该怎么办呢？这种情况下，有可能发生两件事。第一，Python 会用相当长的时间来读取全部数据。第二，由于所有的数据都一次性读入内存，所以，这将占用很多内存，而且对于那些特别大的文件，很有可能导致内存耗尽。

如果需要读取一个大文件，那么得先考虑如何处理。例如，在文件中搜索一个特定的字符串，可以每次只读取文件中的一行，如下所示：

```
#06_03_file_readline
words_file = 'hangman_words.txt'
try:
  f = open(words_file)
```

```
  line = f.readline()
  while line != '':
    if line == 'elephant\n':
      print('There is an elephant in the file')
      break
    line = f.readline()
  f.close()
except IOError:
  print("Cannot find file: " + words_file)
```

当函数 readline 运行到文件的最后一行时，它将返回一个空字符串（''）。否则，它将返回那一行内容，包括尾行符（\n）。如果它读到两行之间的空行，但是那并不是尾行，它只会返回一个尾行符。由于程序每次只读取一行文件内容，所以只需占用用于保存一行数据的内存就够了。

如果文件无法被分解到分行读取，也可以指定一个数字，这样，文件就会按字符数来分解。如下面这个文件，读取时就会每次只读取 20 个字符：

```
>>> f = open('hangman_words.txt')
>>> f.read(20)
'elephant\ncat\ntiger\nd'
>>> f.close()
```

写入文件

写入文件也非常地简单，在打开文件时，除了可以指定要打开的文件名，还可以指定文件的打开模式。模式一般都是用字符来表示的，如果没有指定模式，它一般会默认是 r 模式，就是 read（读取）模式。这里有一些关于模式的描述：

- **r**——读取；
- **w**——写入，替换已经存在的文件内容；

- **a**——附加，在已经存在的文件结尾处附加内容；
- **r+**——以读取和写入模式打开文件（不常用）。

一般在打开文件时，以 'w'、'a'、或 'r+' 作为第二参数来，可以这样写入文件：

```
>>> f = open('test.txt', 'w')
>>> f.write('This file is not empty')
>>> f.close()
```

文件系统

有些时候，可能需要对文件进行一些文件系统类型的操作（移动、复制等）。Python 使用 Linux 来执行这些操作，但是提供了一种更加 Python 化的方式。很多这种类型的函数被包含在 shutil（shell utility）包里。这个包里提供了很多基本的操作功能，比如复制或移动文件，以及操作文件权限和元数据的功能。在这一节里，将处理一些基本的操作，用户可以去 Python 官网（*http://docs.python.org/release/3.1.5/library*）查看官方文档，在那里能找到更多其他的功能。

这里先演示一下如何复制文件：

```
>>> import shutil
>>> shutil.copy('test.txt', 'test_copy.txt')
```

若想移动文件、更改文件名或把文件移动到其他目录下：

```
shutil.move('test_copy.txt', 'test_dup.txt')
```

shutil.move 方法对文件或目录都适用，如果想复制整个文件夹——包括所有的目录和目录下的内容——可以使用 copytree 函数。还有一个更加危险的函数 rmtree，从另外一方面来说，它会删除路径和所有的内容。

找到路径下的程序的最好办法其实是通过 *glob* 库中提供的功能。glob 包可以通过指定通配符在路径里创建一个文件列表，如下所示：

```
>>> import glob
glob.glob('*.txt')
['hangman_words.txt', 'test.txt', 'test_dup.txt']
```

若想要文件夹中的所有内容，使用：

```
glob.glob('*')
```

序列化

序列化（Pickle）包括将变量内容保存在文件中，这样文件就可以在读取时得到最初的值。这样做的原因是在运行程序的过程中能够存储数据。举例来说，可以创建一个非常复杂的列表，这个列表里包含另一个列表和各种各样的数据对象，然后把它序列化存储到一个文件里，命名为 *mylist.pickle*：

```
>>> mylist = ['a', 123, [4, 5, True]]
>>> mylist
['a', 123, [4, 5, True]]
>>> import pickle
>>> f = open('mylist.pickle', 'w')
>>> pickle.dump(mylist, f)
>>> f.close()
```

如果已经找到了文件，并且在编辑器中打开查看，将会看到如下的程序：

```
(lp0
S'a'
p1
aI123
a(lp2
I4
aI5
aI01
aa.
```

序列化文件中的数据以文本的方式保存，但并不可读。用下面的方法可以把序列化文件重新读入内存构造出原始的对象：

```
>>> f = open('mylist.pickle')
>>> other_array = pickle.load(f)
>>> f.close()
>>> other_array
['a', 123, [4, 5, True]]
```

互联网

很多应用程序都需要用到互联网，哪怕只是检测一下有没有最新版本，然后提醒用户是否该更新了。你可以向Web 服务器发送HTTP 请求，而 Web 服务器会接着发送一串文本作为回应。这个文本就是用来创建网页的 HTML 语言。

下面，尝试在 Python 控制台里输入这样一段代码：

```
>>> import urllib.request
>>> u = 'http://www.amazon.com/s/ref=nb_sb_noss?
```

```
field-keywords=raspberry+pi'
>>> f = urllib.request.urlopen(u)
>>> contents = f.read()
… lots of HTML
>>> f.close()
```

要在打开 URL 之后尽快执行读取行。现在所做的仅仅是给 *www.amazon.com* 发送一个 Web 请求，让它来搜索“raspberry pi”。Amazon 网页会发回并显示搜索结果列表。

仔细查看应该能发现，可以用它来让亚马逊提供所有 Raspberry Pi 的相关商品列表。滑动滚轮，应该能看到以下几行：

```
<div class="productTitle"><a href="http://www.amazon
.com/Raspberry-User-Guide

-Gareth-Halfacree/dp/111846446X"> Raspberry Pi User
Guide</a> <span

class="ptBrand">by <a href="/Gareth-Halfacree/e
/B0088CA5ZM">Gareth
Halfacree</a> and Eben Upton</span><span
class="binding"> (<span class

="format">Paperback</span> - Nov. 13, 2012)</span></div>
```

这些代码的关键要素就是 `<div class="productTitle">`。每个搜索结果前面都有一个实例（这样就能很方便地对比在浏览器内打开的同样的网页）。现在你可能想做的就是复制下来这些实际的词条文本，那么就需要先找到这个文本里 `productTitle` 的位置，数两个“>”符号，然后选择从该位置直到下一个“>”符号，如下所示：

```
#06_04_amazon_scraping
import urllib.request

u = 'http://www.amazon.com/s/ref=nb_sb_noss?
field-keywords=raspberry+pi'
f = urllib.request.urlopen(u)
contents = str(f.read())
f.close()
i = 0
while True:
  i = contents.find('productTitle', i)
  if i == -1:
    break
  # Find the next two '>' after 'productTitle'
  i = contents.find('>', i+1)
  i = contents.find('>', i+1)
  # Find the first '<' after the two '>'
  j = contents.find('<', i+1)
  title = contents[i+2:j]
  print(title)
```

运行这个程序后，正常情况下会得到一个商品列表。如果想进一步丰富该商品列表的内容，那么就直接在网上搜索“Python 的正则表达式”（Regular Expressions in Python）即可。正则表达式是一种不同凡响的语言，常用来处理复杂的字符串匹配或文本合法性验证。正则表达式学起来比较难，但使用它可以大大简化文本处理的难度。

我们现在所做的叫做“网页爬取”，在很多时候并不理想。首先，很多机构通常都不喜欢人们使用自动化软件来爬取他们的网页。因此，使用时可能会受到警告，甚至，这些网站会直接禁止访问。

其次，这个操作其实非常依赖网页的结构。网站上随便一点小改变就使我们束手无策了。一个更好的办法是寻找这个网站的官网服务接口，而不是返回 HTML 数据，这些服务一般都返回很多经过简单处理的数据，通常都是 XML 或 JSON 格式。

如果你想学习更多的关于这方面的知识，可以在网上搜索一下“Python 下 Web 服务”。

小 结

这一章介绍了一些基本的关于在 Python 下使用文件与获取网页的知识。当然，Python 与互联网还有很多东西，包括访问 E-mail 以及其他的网络协议。如果对此有兴趣，可以登录 *http://docs.python.org/release/3.1.5/library/internet.html* 查看 Python 的文档。

第 7 章

图形用户界面

Graphical User Interfaces

在本书的前几个章节中，所编写的程序都是基于文本，包括之前编写的“吊死鬼”游戏，这样的程序哪怕在 20 世纪 80 年代的家用计算机上都已经很老土了，这一章重点讲解怎么给应用程序加上图形用户界面(GUI)。

Tkinter

Tkinter 是 Tk GUI 系统的 Python 界面。Tk 可以用在很多语言下，并不是特定的只能用于 Python，在很多操作系统下都可以用，包括 Linux。Tkinter 是 Python 自带的，所以不需要安装，而且，它也是 Python 创建 GUI 的最常用工具。

Hello World

一般来说，当你接触一门新语言时，所写的第一个程序都是相当没用的，它只能告诉你这个东西是怎么运行的。所以，很多语言的第一个入门程序都是教你显示一条信息：“Hello World”。

第 3 章其实已经做过这件事了，现在再来玩一遍“Hello World”：

```
#07_01_hello.py

from tkinter import *
root = Tk()
Label(root, text='Hello World').pack()
root.mainloop()
```

图 7.1　展示的就是“Hello World”程序的应用。

图7.1　Tkinter里的“Hello World”

此时不需要担心这一切是怎么来的。只需要记住，必须给 Tk 对象设置一个变量。把这个变量命名为 root，这是惯例。接着，给 Label 类创建一个实例，这是 root 的第一个参数。这样，Tkinter 就知道 Label 是属于它的。第二个参数就是要让指定文本在 Label 里显示。最后，pack 方法会访问 Label，这样 Label 就知道是时候去它自己该去的地方了。Pack方法控制了窗口里显示的内容。简单来说，对网格中的组件使用了布局里的选择模式。

温度换算器

刚使用 Tkinter 图形界面时，需要循序渐进，可以先给之前做的温度换算器创建一个简单的图形用户界面（图 7.2）。这个程序会用到第 5 章里的 converters 模块。

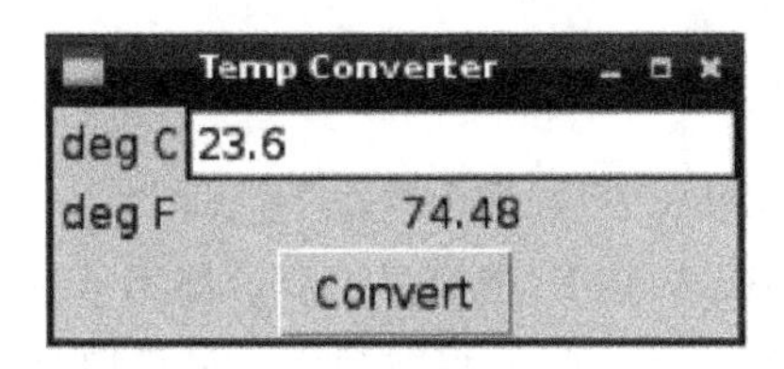

图7.2　温度换算应用

其实，刚做的“Hello World”应用程序不仅简单，而且其结构还存在着一些问题，所以，无法从那个程序继续改进和延伸。想用 Tkinter 创建图形用户界面时，用类来表示每个应用程序窗口是很正常的。因此，第一步就是要给程序建立框架，在这里创建一个以“Temp

Converter”为标题的窗口：

```
#07_02_temp_framework.py
from tkinter import *

class App:

  def __init__(self, master):
    frame = Frame(master)
    frame.pack()
    Label(frame, text='deg C').grid(row=0, column=0)
    button = Button(frame, text='Convert', command=self.convert)
    button.grid(row=1)
  def convert(self):
    print('Not implemented')

root = Tk()
root.wm_title('Temp Converter')
app = App(root)
root.mainloop()
```

为这个程序添加一个名为 App 的类，当用下面的代码创建一个新的 App 实例时，App 类的 `__init__` 方法就会自动被调用。

```
app = App(root)
```

把 Tk 根对象转给创建用户界面的 `__init__`。

在这个“Hello World”例子里，我们使用了一个 Label，但是这次并不是把对象添加到 Tk 根对象中，只是把对象添加到 Frame 对象中，这个对象里包含对象和其他一些能把程序窗口美化的命令。图 7.3 中展示的就是用户界面的结构，最终会把所有的元素都挂上去。

框架会被“打包”在根对象里，但是这次添加对象时没有使用 pack 方法，而是使用了 grid 方法。这就可以给用户界面指定一个网格布局。而且区域是从 (0,0) 位置开始，第二行创建的 button 对象也被放在网格的第二行（row1）。点击按钮时，按钮定义也同样被指定运行了一个“命令”。这时，只是显示“未完成”的一个桩函数。

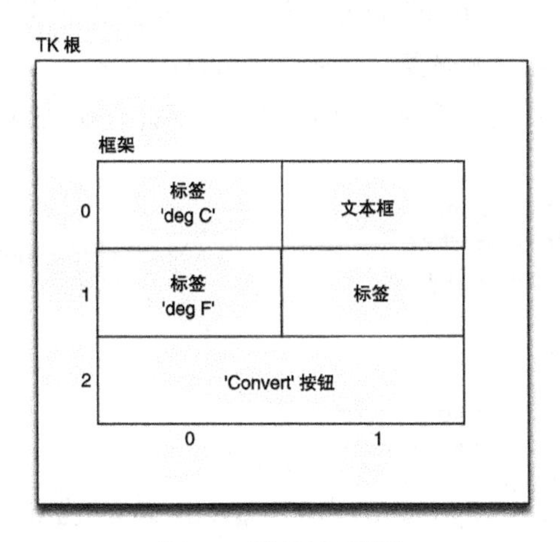

图7.3 用户界面结构

wm_title 函数给窗口设置了标题。图 7.4 里展示了基本用户界面的外形。

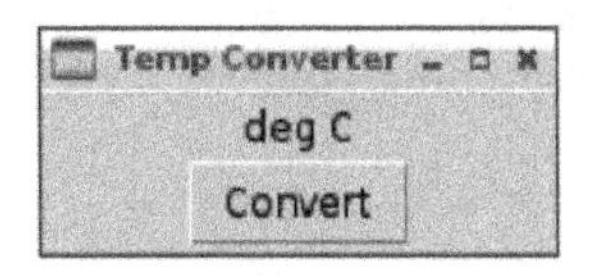

图7.4 温度换算器的用户界面

下一步就是把用户界面其他元素添加进去。此时需要一个 Entry（文本框）对象，在界面上提供一个输入摄氏度值的文本框。另外还需要两个标签，一个标签用来读取“华氏度”，另一个用来显示换算后的温度。

Tkinter 采用一种很特别的方式来访问界面控件中的内容。因此，当需要获取或设置文本框、标签等控件内容时，可以创建一些特殊的对象。这类特殊的对象有很多种形式，最常用的就是 String Var。在我们的例子中，因为输入并显示的都是数字，所以可以使用 Double Var。“Double”的意思是双倍，即这里需要双倍精度的浮点数。它其实与浮点数是一样的，但是更加精确。

当把其余的元素都添加到用户界面之后，程序如下：

```
#07_03_temp_ui.py

from tkinter import *

class App:

  def __init__(self, master):
    frame = Frame(master)
    frame.pack()
    Label(frame, text='deg C').grid(row=0, column=0)
    self.c_var = DoubleVar()
    Entry(frame, textvariable=self.c_var).grid
    (row=0, column=1)
    Label(frame, text='deg F').grid(row=1, column=0)
    self.result_var = DoubleVar()
    Label(frame, textvariable=self.result_var).grid
    (row=1, column=1)
    button = Button(frame, text='Convert', command=
    self.convert)
    button.grid(row=2, columnspan=2)

  def convert(self):
    print('Not implemented')

root = Tk()
root.wm_title('Temp Converter')
app = App(root)
root.mainloop()
```

第一个 DoubleVar（c_var）与文本框关联在一起，通过创建 Entry 对象时的 textvariable 参数来指定。这就意味着文本框中会显示这个 DoubleVar 变量中的值。同样，当你在文本框里输入一些内容，DoubleVar 里的值也会跟着变。需要注意的是，“deg F”新标签也会被添加进去。

第二个 DoubleVar 是连接另一个标签的，另一个标签会显示最终计算的结果，把另一个属性也添加到 grid 命令里，这样就可以看到按钮的布局了。因为规定 columnspan=2，所以，这个按钮会被拉伸，从而占用两列。

如果这时运行程序，程序会显示出最终的界面，但是当点击换算按钮“Convert”时，“无法执行”的信息就会写到 Python 控制台中。

最后一步就是用第 5 章中的 converters 模块替换 convert 方法的桩函数。要想实现这个目的，需要导入模块，为了减少输入的内容，需要先把所有内容导入，如下所示：

```
from converters import *
```

为了提高效率，在 __init__ 之间创建一个单独“换算器”会更好，这样每次点击按键之后用的都是同一个。因此，创建一个名为 self.t_conv 的变量来引用这个换算器。那这个 convert 方法就会变成这样：

```
def convert(self):
  c = self.c_var.get()
  self.result_var.set(self.t_conv.convert(c))
```

这是程序的全部代码：

```
#07_04_temp_final.py

from tkinter import *
from converters import *

class App:
  def __init__(self, master):
    self.t_conv = ScaleAndOffsetConverter('C', 'F', 1.8, 32)
    frame = Frame(master)
    frame.pack()
    Label(frame, text='deg C').grid(row=0, column=0)
    self.c_var = DoubleVar()
    Entry(frame, textvariable=self.c_var).grid(row=0,
    column=1)
    Label(frame, text='deg F').grid(row=1, column=0)
    self.result_var = DoubleVar()
    Label(frame, textvariable=self.result_var).grid
    (row=1, column=1)
    button = Button(frame, text='Convert', command=
    self.convert)
    button.grid(row=2, columnspan=2)

  def convert(self):
    c = self.c_var.get()
    self.result_var.set(self.t_conv.convert(c))
root = Tk()
root.wm_title('Temp Converter')
app = App(root)
root.mainloop()
```

其他 GUI 小部件

在温度换算器中，只需要用文本框（Entry 类）和标签（Lable 类）。在很多的程序中，有各种各样的用户界面与你交流。图 7.5 展示的是一个名为“Kitchen Sink”的程序主界面，这里几乎展示了大部分可以在 Tkinter 里调用的控制方法。而且，如果想查看这个程序，可以在 *07_05_kitchen_sink.py* 文件中查看。

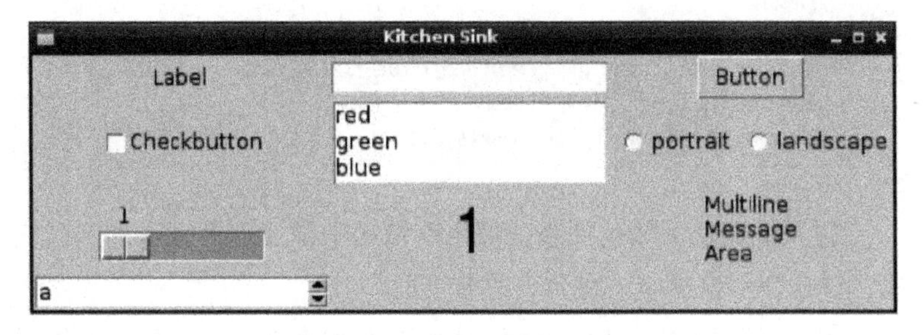

图7.5 “Kitchen Sink”程序

复选按钮

Checkbox 部件复选按钮（图 7.5 的第一列，第二行）是通过以下程序创建的：

```
Checkbutton(frame, text='Checkbutton')
```

这行代码只是创建了一个旁边有标签的复选按钮，如果想要在窗口上放置一个复选框，还需要用其他办法来确定是否被选中。

这种办法就是使用一个特殊的“变量”，类似于之前的温度换算器。下面这个例子里用了一个 `StringVar`，但是如果 `onvalue` 和 `offvalue` 的值是数字，可以用 `IntVar` 来代替。

```
check_var = StringVar()
check = Checkbutton(frame, text='Checkbutton',
  variable=check_var, onvalue='Y', offvalue='N')
check.grid(row=1, column=0)
```

列表框

为了展示列表中的内容，从而使列表中的一个或多个项可以被选中，需要用到列表框（具体参照图 7.5 中间），程序如下：

```
listbox = Listbox(frame, height=3, selectmode=BROWSE)
for item in ['red', 'green', 'blue', 'yellow', 'pink']:
  listbox.insert(END, item)
listbox.grid(row=1, column=1)
```

它只是展示了颜色列表，每个字符串都需要逐个被添加到列表里，END 表示该项应该在列表的最下面。

另外，可以用 selectmode 属性控制列表框里的选项，这样可以设置成其中一种：

- **SINGLE** 一次只选一个；
- **BROWSE** 与 SINGLE 类似，但是允许使用鼠标选择；

在 Pi 上的 Tkinter 里，与 SINGLE 看上去没什么差别；

- **MULTIPLE** 按住 Shift，然后点鼠标左键可以选择多行；
- **EXTENDED** 与 MULTIPLE 类似，但是可以使用 Ctrl-Shift- 单击选择范围。

该属性设置不像使用 StringVar 或其他特殊变量的窗口部件那样需要输入数据，然后输出。必须使用 curselection 方法找出列表框里选择的项。因此，如果第一、二、四项被选中，将会得到如下所示的列表：

```
[0, 1, 3]
```

如果选择模式是 SINGLE，也会得到一个列表，但是该列表只有一个值。

Spinbox

Spinbox 提供了另一种从列表中单选的方法：

```
Spinbox(frame, values=('a','b','c')).grid(row=3)
```

get 方法将会把 Spinbox 里的当前显示项返回来，而且不是它的选择索引。

布 局

把程序里的不同部分合理地布局，是一件看起来容易、做起来难的事情。所以，这个环节也是创建 GUI 中最麻烦的一步。

你也许常常会发现，需要把这个布局设置到另一个布局里。例如，整体的“Kitchen Sink”是 3×3 的方格，但是在那个格里面是另一个框架，框架里面还含有两个按钮：

```
radio_frame = Frame(frame)
radio_selection = StringVar()
b1 = Radiobutton(radio_frame, text='portrait',
  variable=radio_selection, value='P')
b1.pack(side=LEFT)
b2 = Radiobutton(radio_frame, text='landscape',
  variable=radio_selection, value='L')
b2.pack(side=LEFT)
radio_frame.grid(row=1, column=2)
```

先在纸上把草图画好，然后开始写代码。这个方法非常常见，但是非常必要。

当然，利用该方法时也可能会遇到这样一个问题：某些时候，创建的 GUI 要实现控制功能，需要调整尺寸。你肯定希望扩展其他窗口部件时，这些原有的窗口部件都不要变动，而且大小也不改变。

例如，当创建一个如图 7.6 所示大小的窗口时，它有一个列表框（在左边），其尺寸是不变的，而右边的信息显示区会导致窗口调整尺寸。

图 7.6 的代码如下：

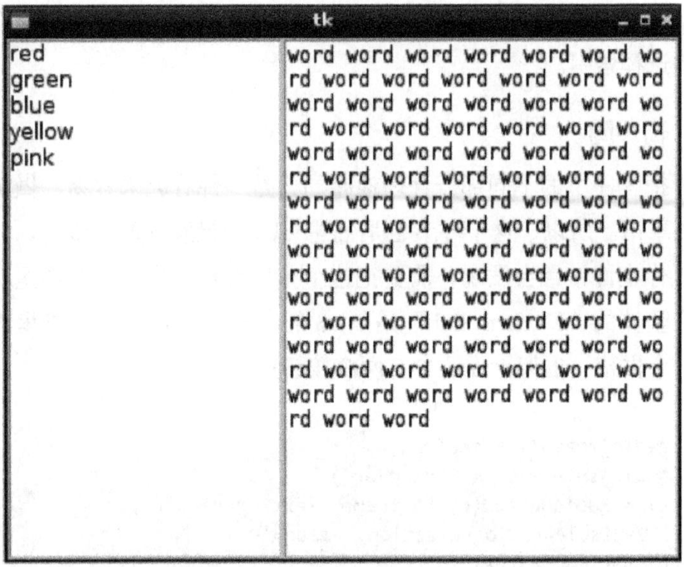

图7.6 调整窗口大小的例子

```
#07_06_resizing.py

from tkinter import *

class App:

  def __init__(self, master):
    frame = Frame(master)
    frame.pack(fill=BOTH, expand=1)
    #Listbox
    listbox = Listbox(frame)
    for item in ['red', 'green', 'blue', 'yellow', 'pink']:
      listbox.insert(END, item)
    listbox.grid(row=0, column=0, sticky=W+E+N+S)

    #Message
    text = Text(frame, relief=SUNKEN)
    text.grid(row=0, column=1, sticky=W+E+N+S)
    text.insert(END, 'word ' * 100)
```

```
        frame.columnconfigure(1, weight=1)
        frame.rowconfigure(0, weight=1)
root = Tk()
app = App(root)
root.geometry("400x300+0+0")
root.mainloop()
```

理解这种布局的关键就是使用组件的 sticky 属性来决定小单元格的位置。为了控制在窗口调整尺寸时行与列的扩展，需要使用 columnconfigure 和 rowconfigure 命令。图 7.7 显示了 GUI 组件的布局。用户界面边上的几行需要“贴”住边缘。

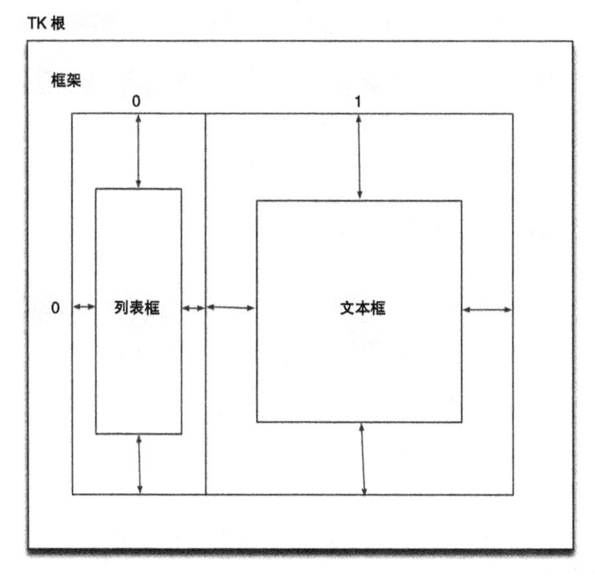

图7.7 调整窗口的布局图

接下来逐步分析程序代码。首先，

```
frame.pack(fill=BOTH, expand=1)
```

这一行确保框架会被闭合的根窗口填满，如果根窗口调整尺寸，框架也会随之改变。

已经创建了列表框，用以下这行代码来完成对框架的网格布局：

```
listbox.grid(row=0, column=0, sticky=W+E+N+S)
```

这一行指定了列表框应该到 (0,0) 位置，但是 sticky 属性需要列表框的上下左右都与闭合的网格连起来。常量 W,E,N 和 S 是数字常量，因此它们可以以任意顺序添加进去。文本框也可以用相同的方法添加到网格中去，而且，文本框里还包含着 100 个单词 “word” 。

这个难题的最后一步是重新调整语法，因为我们想让文本区域扩展到右侧，而列表区域不要扩展。要做到这一点，我们用 columnconfigure 和 rowconfigure 这两个方法：

```
frame.columnconfigure(1, weight=1)
frame.rowconfigure(0, weight=1)
```

如果按照默认值，当用户界面元素扩展时，行和列是不会扩展的。因为不想让第 0 列扩展，所以暂时先不管它。但是我们需要让第 1 列扩展到右边，第 0 行（单独一行）向下扩展。我们先使用 columnconfigure 和 rowconfigure 方法，用一个 “窗口部件” 来完成这件事。

打个比方，如果想要扩展多行，我们可以把它们设置成一样的（一般来说都是 1）；如果想让这些行里的一行扩展成其他行的两倍，就把其宽度扩展两倍。这样，如果只有一行一列需要扩展，那么它们都可以设置为 1。

滚动条

如果缩小 *07_06_resizing.py* 的程序窗口，可能那些被挡住的信息就看不到了，因为没有设置滚动条。当然，那些信息并没有消失，只要添加一个滚动条就可以看到了。

滚动条是很有用的部件工具，用于文本、信息、列表框等部件时，可以设置在这些部件的一边，然后与这些部件关联起来。

图 7.8 展示了带有滚动条的文本部件。

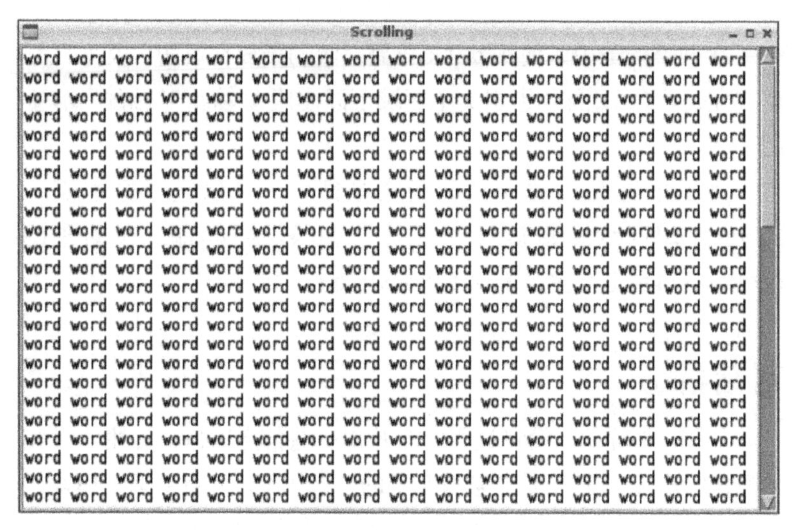

图7.8 文本滚动条

代码如下：

```
#07_07_scrolling.py

from tkinter import *

class App:
```

```
    def __init__(self, master):
    scrollbar = Scrollbar(master)
    scrollbar.pack(side=RIGHT, fill=Y)
    text = Text(master, yscrollcommand=scrollbar.set)
    text.pack(side=LEFT, fill=BOTH)
    text.insert(END, 'word ' * 1000)
    scrollbar.config(command=text.yview)
root = Tk()
root.wm_title('Scrolling')
app = App(root)
root.mainloop()
```

在这个例子中，使用 pack 布局，滚动条放在右边，文本区域放在左边。fill 属性指定文本区域可以使用 X 轴和 Y 轴的所有空闲区域。

为了把这个滚动条关联到文本部件，可以设置文本部件的 yscroll-command 属性来设置滚动条。同样地，滚动条的 command 属性也可被设置到 text.yview。

对话框

如图 7.9 所示，设置过程中会弹出一些信息窗口，让用户做其他操作时点击“OK”是非常有必要的。这些窗口叫做对话框模块，而且 Tkinter 在 tkinter.messagebox 里有全套的对话框。

图7.9 警告对话框

下面这个例子就是展示如何弹出一个警告。与 showinfo 类似，tkinter.messagebox 同样有 showwarning 函数和 showerror 函数，而且功能基本类似，只是有不同的窗口符号罢了。

```
#07_08_gen_dialogs.py

from tkinter import *
import tkinter.messagebox as mb

class App:

  def __init__(self, master):
    b=Button(master, text='Press Me', command=self.info).pack()
  def info(self):
    mb.showinfo('Information', "Please don't press
    that button again!")

root = Tk()
app = App(root)
root.mainloop()
```

其他对话框可以在 tkinter.colorchooser 和 tkinter.filedialog 包里找到。

颜色选择器

颜色选择器会返回独立的 RGB 组件的颜色，与标准十六进制颜色字符相似（图 7.10）。

```
#07_09_color_chooser.py

from tkinter import *
import tkinter.colorchooser as cc

class App:
```

```
  def __init__(self, master):
    b=Button(master, text='Color..', command=self.ask_color).pack()
  def ask_color(self):
    (rgb, hx) = cc.askcolor()
    print("rgb=" + str(rgb) + " hx=" + hx)

root = Tk()
app = App(root)
root.mainloop()
```

代码返回内容如下：

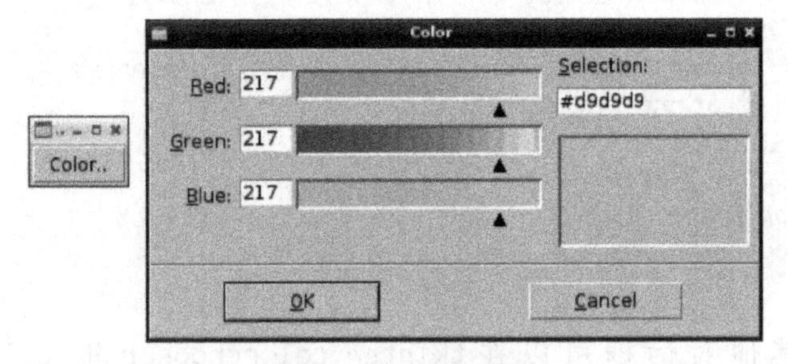

图7.10　颜色选择器

```
rgb=(255.99609375, 92.359375, 116.453125) hx=#ff5c74
```

文件选择器

文件选择器可以在 tkinter.filedialog 包中找到，与之前见过的其他对话框的模式是一样的。

菜　单

你可以给程序添加菜单。例如，可以创建一个有输入框的简单程序，再从里面添加几个菜单选项（图 7.11）。

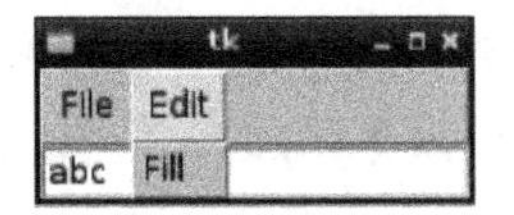

图7.11 菜 单

```
#07_10_menus.py
from tkinter import *

class App:

  def __init__(self, master):
    self.entry_text = StringVar()
    Entry(master, textvariable=self.entry_text).pack()

    menubar = Menu(root)

    filemenu = Menu(menubar, tearoff=0)
    filemenu.add_command(label='Quit', command=exit)
    menubar.add_cascade(label='File', menu=filemenu)

    editmenu = Menu(menubar, tearoff=0)
    editmenu.add_command(label='Fill', command=self.fill)
    menubar.add_cascade(label='Edit', menu=editmenu)

    master.config(menu=menubar)

  def fill(self):
    self.entry_text.set('abc')

root = Tk()
app = App(root)

root.mainloop()
```

第一步就是创建根菜单。这是一个包含了所有菜单的独立对象（“文件”和“编辑”以及所有的菜单选项）。

```
menubar = Menu(root)
```

为了创建这个只有“退出”选项的文件菜单，需要先创建 Menu 实例，然后把退出命令添加进去，最后把文件菜单添加到根菜单里：

```
filemenu = Menu(menubar, tearoff=0)
filemenu.add_command(label='Quit', command=exit)
menubar.add_cascade(label='File', menu=filemenu)
```

创建“编辑”菜单几乎用的是相同的手法，为了使菜单能共同出现在窗口上，需要用到以下命令：

```
master.config(menu=menubar)
```

画　布

下一章会涉及用*pygame*编写游戏程序，几乎会用到所有的图形效果。但是，如果只需要创建几个简单的图形，如在屏幕上画几个线条图，也可以使用 Tkinter 内置的画布（Canvas）界面（图 7.12）。

画布与窗口控件一样，可以直接添加到窗口中。下面这段代码将展示如何画矩形、椭圆和直线：

```
#07_11_canvas.py

from tkinter import *

class App:

  def __init__(self, master):
    canvas = Canvas(master, width=400, height=200)
    canvas.pack()
    canvas.create_rectangle(20, 20, 300, 100, fill='blue')
```

```
    canvas.create_oval(30, 50, 290, 190, fill='#ff2277')
    canvas.create_line(0, 0, 400, 200, fill='black', width=5)

root = Tk()
app = App(root)
root.mainloop()
```

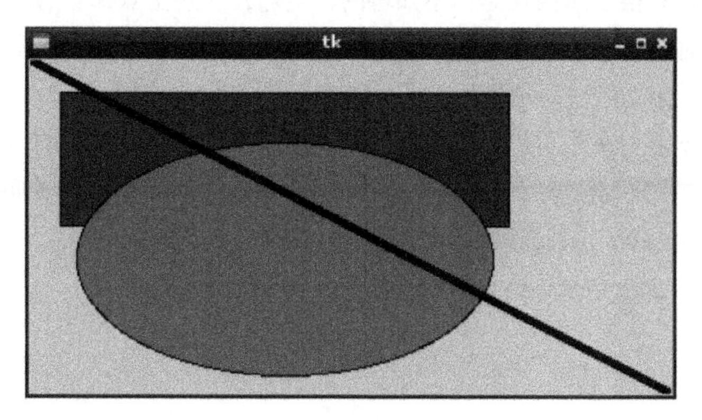

图7.12　画布部件

你可以用类似的方法画弧线、图像、多边形，甚至是文本。如果对画布感兴趣，可以参考 *http://infohost.nmt.edu/tcc/help/pubs/tkinter/*。

坐标的起始处是在窗口的左上角，而且坐标的单位是像素。

小 结

由于本书篇幅有限，所以在很多方面只能简要地介绍，提供一条正确地深入学习的途径。当你看过并且运行本书中的例程之后，大概就会明白，但是离得心应手还有很长的距离，而且，在这个领域内，有很多东西还是你不知道的。当然，实践出真知，遇到具体问题时，就会发现很多书本知识都是没有用的，因为没有哪本书会告诉，怎么解决所遇到的问题。

学习过程中可以去以下两个网站深入学习本章所提到的内容，但是，一定要活学活用，真正用程序员的思维来思考如何解决问题：

- *www.pythonware.com/library/tkinter/introduction/*；
- *http://infohost.nmt.edu/tcc/help/pubs/tkinter/*。

第 8 章

游戏编程

Games Programming

本章的目的并不是把你变成一位游戏编程高手。因为市面上已经有很多书专门讲怎么在 Python 里编写游戏，如 Will McGuan 的 *Beginning Game Development with Python*。本章主要是介绍 *pygame*，这个库非常好用，然后引导你使用 *pygame* 制作简单的小游戏。

什么是 pygame？

pygame 是 Python 中一个很有用的库，它能够帮助我们很方便地在 Raspberry Pi 上编写游戏，当然，在其他能够运行 Python 的计算机上也可以使用的。这个库之所以很有用，是因为大部分游戏程序都具有一些共性，从头去编写这些具有共性的代码是比较困难的。像 *pygame* 这样的库在很大程度上已经减少了 Python 程序员的烦恼，因为这个库是由一些 Python 和游戏编程高手共同开发的，有了这个库，游戏编程会变得容易很多。确切地说，*pygame* 的功能主要体现在以下几个方面：

- 可以很轻松地画图；
- 不管是在 Raspberry Pi 还是在 PC 上，都可以在相同的速度下控制动画；
- 可以用鼠标和键盘来控制游戏。

这里需要注意的是，Raspbian Wheezy 发行版里有两个版本的 Python：Python 2 和 Python 3。这两个版本的 Python 的图标都在桌面上，点击就可以进入 IDLE。截至目前，本书一直用的都是 IDLE 3 和 Python 3。而在 Raspbian Wheezy 发行版里，Python 3 安装包内并没

有 *pygame*，但是 Python 2 安装包里有。

所以，与其在 Python3 中安装 *Python*，不如直接使用 Python 2。在 Python 3 里写的代码在 Python 2 中基本都可以用，只需要记住现在要打开的 IDLE 不是 IDLE 3。

Hello Pygame

桌面上会有一个 Python Games 的快捷方式。这个快捷方式仅仅是一个程序启动器，点击这个程序启动器的话，将会看到一些可以运行的 Python 游戏。但是，如果用资源管理器的话，在根目录下会发现一个名为 *python_games* 的目录。目录中有一些后缀 *.py* 的文件，可以在 IDLE 里打开这些文件，看到其他人是如何写程序的。

图 8.1 里就是 Pygame 下“Hello World”类小应用，代码如下：

```
#08_01_hello_pygame.py

import pygame

pygame.init()

screen = pygame.display.set_mode((200, 200))
screen.fill((255, 255, 255))
pygame.display.set_caption('Hello Pygame')

ball = pygame.image.load('raspberry.jpg').convert()
screen.blit(ball, (100, 100))

pygame.display.update()
```

这是一个很简单的程序，因为在退出程序方面，它的处理手法显得相当“暴力”。直接关闭启动这个程序的 Python 的控制台，这个程序会在几秒钟后关闭。

图8.1 Hello Pygame

程序第一行就是导入 pygame 模块。init（initialize 的缩写）方法会在随后初始化 pygame。用这行代码来给变量 screen 赋值：

```
screen = pygame.display.set_mode((200, 200))
```

这里创建了一个 200px × 200px 的新窗口。在设置窗口标题之前，把它用白色填充（颜色是 255,255,255）。

游戏需要用到图形，一般来说就是使用图片，在这个例子里，我们用 pygame 来加载图片文件：

```
raspberry = pygame.image.load('raspberry.jpg').convert()
```

这个叫做 *raspberry.jpg* 的文件，以及程序中用的其他图片文件，都可以直接在本书网站下载。在行尾调用 convert() 是非常必要的，因为它能够把图片进行有效的内部转化，可以提高图片绘制的速度。不要小瞧这一点，因为在窗口中拖拽图片时，速度与效率是至关重

要的。

接下来，在屏幕的 `(100,100)` 坐标位置用 `blit` 命令画一张图。这在之前的 Tkinter 小节有关画布的内容中探讨过，不过当时是从屏幕的左上角 `(0,0)` 开始的。

再往下，最后一个命令是告诉 *pygame* 更新显示信息，这样，就能看到图片了。

树莓游戏

为了展示 *pygame* 可以用来做游戏，接下来将用 *pygame* 写一个用勺子接树莓的小游戏。游戏内容与目前流行的"水果忍者"差不多，屏幕上会掉落出树莓，但是这些树莓会以不同的速度降落，玩家的任务就是在它们落地之前接住树莓。图 8.2 展示的就是完成后的游戏。虽然该游戏看起来很简单，但是功能的确已经很完善了。你也可以尝试着美化或改进。

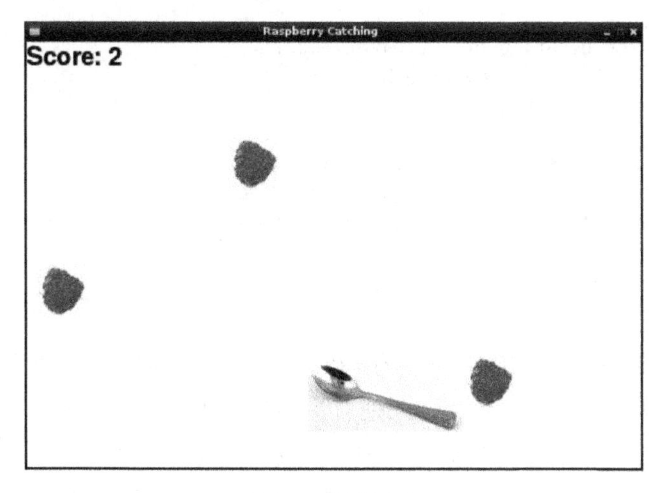

图8.2　树莓游戏

追踪鼠标轨迹

开始编写这个游戏的第一步是先创建一个带有勺子图案的主界面，界面上的勺子图案能跟随鼠标左右移动。先在 IDLE 里读取这段程序：

```
#08_02_rasp_game_mouse

import pygame
from pygame.locals import *
from sys import exit
spoon_x = 300
spoon_y = 300

pygame.init()

screen = pygame.display.set_mode((600, 400))
pygame.display.set_caption('Raspberry Catching')
spoon = pygame.image.load('spoon.jpg').convert()

while True:

  for event in pygame.event.get():
    if event.type == QUIT:
      exit()

  screen.fill((255, 255, 255))
  spoon_x, ignore = pygame.mouse.get_pos()
  screen.blit(spoon, (spoon_x, spoon_y))

  pygame.display.update()
```

与“Hello World”程序的基础结构一样，但你还需要留意程序中一些新的东西。首先，此处有更多的导入项，pygame.locals 提供了一些有用的常量，如 QUIT，我们会判断程序获取的事件类型是否等于这个常量，从而判断是否需要退出程序。此外，从 sys

里导入 exit 函数可以用于正常的让程序停止运行。在勺子的位置添加两个变量（spoon_x 和 spoon_y）。因为勺子只向左移或向右移，spoon_y 是不会变的。

程序的最后是 while 循环。每次循环首先检查 *pygame* 系统里的 QUIT 事件。这里需要说明的是，每当玩家移动鼠标或按下、松开一个按钮的时候，都会生成一个事件。不过现在，只需要关注 QUIT 事件，因为当有人点击游戏窗口右上角的关闭按钮时，需要弹出一个窗口来提示玩家是否真地要关闭这个游戏，防止发生误操作。下一行代码就是通过填充白色来清屏了。

把 spoon_x 的值设置为鼠标所在的 x 位置。注意，尽管这里有两项，但是不需要设置鼠标的 y 位置，所以，暂时通过安排一个新变量 ignore 来忽视第二个返回值。然后需要在屏幕上画个勺子，更新显示效果。

运行程序，就会看到勺子跟着鼠标在跑。

树　莓

下一步，创建一个树莓的游戏，这样比较简单一些。随后会做一下扩展，使程序可以绘制三个树莓同时掉落的场景相关代码可以在文件 *08_03_rasp_game_one.py* 中找到。

这是先前的几个版本的变化：

- 给树莓的位置添加全局变量 (raspberry_x 和 rasp-berry_y);
- 读取和转换图片 *raspberry.jpg*；
- 在它自有的函数中分别更新勺子；
- 添加一个名为 update_raspberry 的新函数；
- 使用新函数更新主循环。

前两项之前已经介绍过了，下面直接从新函数开始介绍。

```
def update_spoon():
  global spoon_x
  global spoon_y
  spoon_x, ignore = pygame.mouse.get_pos()
  screen.blit(spoon, (spoon_x, spoon_y))
```

函数 update_spoon 只是使用一部分主循环 *08_02_rasp_game_mouse* 中的代码，并且把它放到自己的函数中。这有助于控制主循环的体积，并且能够很清晰地表达目的。

```
def update_raspberry():
  global raspberry_x
  global raspberry_y
  raspberry_y += 5
  if raspberry_y > spoon_y:
    raspberry_y = 0
    raspberry_x = random.randint(10, screen_width)
  raspberry_x += random.randint(-5, 5)
  if raspberry_x < 10:
    raspberry_x = 10
if raspberry_x > screen_width - 20:
  raspberry_x = screen_width - 20
screen.blit(raspberry, (raspberry_x, raspberry_y))
```

函数 update_raspberry 改变了 raspberry_x 和 raspberry_y 的值。它把树莓的 y 位置向下移动了 5，并且把 x 位置在 -5~+5 随机移动。这就使得树莓在屏幕上晃晃悠悠地下落，最终，树莓会落到屏幕底端，所以一旦 y 位置比勺子的位置大，函数就会把它们移动到最顶端，并且生成一个新的 x 随机函数。

说到这里，不知道你是否考虑过，其实树莓很有可能从屏幕的左右两边消失。因此，接下来要做的测试就是查看在程序运行过程中，树莓会不会太贴近屏幕边缘，以防它们“掉出去”。

下面这些就是调用新函数的主循环：

```
while True:
  for event in pygame.event.get():
    if event.type == QUIT:
      exit()
  screen.fill((255, 255, 255))
  update_raspberry()
  update_spoon()
  pygame.display.update()
```

测试一下 *08_03_rasp_game_one* 这个程序，就会看到一些游戏基本的功能都已经涵盖了。但是，突然发现，接住树莓时程序并没有任何反应，这是怎么回事呢？

捕捉检测与得分

在该游戏中可以添加一个显示得分信息的区域就是接到的树莓的数量。为了达到这个目的，我们需要能够正确地检测到是否接到了树莓，文件 *08_04_rasp_py_game_scoring.py* 里的扩展程序中提到了这个。

这个版本最主要的变化有两个函数：check_for_catch 和 display：

```
def check_for_catch():
  global score
if raspberry_y >= spoon_y and raspberry_x >= spoon_x and \
  raspberry_x < spoon_x + 50:
  score += 1
display("Score: " + str(score))
```

这里需要注意的是，`if` 的条件非常长，所以使用续行符（\）连接两行内容。

如果树莓掉到勺子 (`raspberry_y >= spoon_y`) 里，并且树莓的 x 位置在勺子 x 位置与勺子（x 位置 +50）之间（取决于最后勺子的宽度），`check_for_catch` 函数便会给得分加 1。

不管树莓是否被接到，display 函数都会显示得分，check_for_catch 函数也会给主循环加 1，且每次循环都会这么做。

display 函数主要负责在显示器上显示信息：

```
def display(message):
  font = pygame.font.Font(None, 36)
  text = font.render(message, 1, (10, 10, 10))
  screen.blit(text, (0, 0))
```

在 *pygame* 下写的这一段代码，表示创建了一个字体。其实这里并没有指定也不在乎它使用的是什么字体，但是规定字号必须是 36 号，然后创建一个 text 对象来表现 message 字符串的内容。值 (10,10,10) 是字体颜色。最终结果的内容都会在 text 变量里，然后在屏幕上显示出来。

计 时

你可能注意到，在这个程序中没有任何程序用于控制树莓从天空中降落的速度。目前，凑巧这个程序在 Raspberry Pi 上的运行速度正合适，但是如果在一个速度更快的计算机上运行这个游戏，那么这个小树莓的速度跟飞没有什么区别了……想抓住它根本是不可能的。如果想控制速度，*pygame* 有个内建时钟可以用，这个时钟可以设置刷新率，以降低主循环的速度。不过这里也不得不说，该内置时钟只能用来降低主循环速度。这个时钟非常易用，只需要在主循环前写一行代码即可：

```
clock = pygame.time.Clock()
```

这样就创建了一个时钟实例。为了达到减速效果，需要把这行代码放进去（一般都会放到段尾）：

```
clock.tick(30)
```

这个例子中用的值为 30，表示画面每秒钟需要刷新 30 次。也可以用其他值，但是人眼分辨率的极限是每秒 30 帧。

很多树莓

接下来的程序看起来会有点复杂了。如果在程序里多放入几个树莓，整个程序看起来就更加迷惑了。因此，需重新调整代码结构，让程序运行更加流畅。虽然程序的结构变了，但是，从外面看起来没有任何变化。首先需要创建一个 Raspberry 类来完成所有的事情。现在看起来还是只有一个树莓，但是当有多个树莓的时候，就会发现，程序真的庞大了很多。代码例程在 *08_05_rasp_game_refactored.py* 中，这里先演示一下对类的定义。

```
class Raspberry:
  x = 0
  y = 0

  def __init__(self):
    self.x = random.randint(10, screen_width)
    self.y = 0

  def update(self):
    self.y += 5
    if self.y > spoon_y:
      self.y = 0
      self.x = random.randint(10, screen_width)
    self.x += random.randint(-5, 5)
    if self.x < 10:
      self.x = 10
    if self.x > screen_width - 20:
      self.x = screen_width - 20
    screen.blit(raspberry_image, (self.x, self.y))

  def is_caught(self):
```

```
    return self.y >= spoon_y and self.x >= spoon_x and \
      self.x < spoon_x + 50
```

raspberry_x 和 raspberry_y 变量都将变成 Raspberry 类。同样，当树莓实例创建时，它的 x 位置会被随机定位。而老的 update_raspberry 函数就将变成 Raspberry 的一个方法——update。简单来说，check_for_catch 函数现在就是在看树莓是不是被接住了。

已经定义了 Raspberry 类，创建一个实例：

```
r = Raspberry()
```

因此，在检查树莓是否被接住时，check_for_catch 就会按以下程序运行：

```
def check_for_catch():
  global score
  if r.is_caught():
    score += 1
```

显示信息已经从 check_for_catch 函数移到主函数中。现在所有的功能都已经正常了，接下来就可以添加多个树莓。游戏的最终版本可以在 *08_06_rasp_game_final.py* 找到：

```
#08_06_rasp_game_final

import pygame
from pygame.locals import *
from sys import exit
import random
score = 0

screen_width = 600
```

```
screen_height = 400

spoon_x = 300
spoon_y = screen_height - 100

class Raspberry:
  x = 0
  y = 0
  dy = 0

  def __init__(self):
    self.x = random.randint(10, screen_width)
    self.y = 0
    self.dy = random.randint(3, 10)

  def update(self):
    self.y += self.dy
    if self.y > spoon_y:
      self.y = 0
      self.x = random.randint(10, screen_width)
    self.x += random.randint(-5, 5)
    if self.x < 10:
      self.x = 10
    if self.x > screen_width - 20:
      self.x = screen_width - 20
    screen.blit(raspberry_image, (self.x, self.y))

  def is_caught(self):
    return self.y >= spoon_y and self.x >= spoon_x

      and self.x < spoon_x + 50

clock = pygame.time.Clock()
rasps = [Raspberry(), Raspberry(), Raspberry()]

pygame.init()

screen = pygame.display.set_mode((screen_width,
  screen_height))
pygame.display.set_caption('Raspberry Catching')
```

```
spoon = pygame.image.load('spoon.jpg').convert()
raspberry_image = pygame.image.load('raspberry.jpg').
  convert()
def update_spoon():
  global spoon_x
  global spoon_y
  spoon_x, ignore = pygame.mouse.get_pos()
  screen.blit(spoon, (spoon_x, spoon_y))

def check_for_catch():
  global score
  for r in rasps:
    if r.is_caught():
      score += 1

def display(message):
  font = pygame.font.Font(None, 36)
  text = font.render(message, 1, (10, 10, 10))
  screen.blit(text, (0, 0))

while True:
  for event in pygame.event.get():
    if event.type == QUIT:
      exit()
  screen.fill((255, 255, 255))
  for r in rasps:
    r.update()
    update_spoon()
    check_for_catch()
    display("Score: " + str(score))
    pygame.display.update()
    clock.tick(30)
```

为了创建多树莓版本，单变量 r 已经被 rasps 集合替代了：

```
rasps = [Raspberry(), Raspberry(), Raspberry()]
```

该游戏中创建了 3 个树莓，可以在程序运行中随机修改，并且

可以在列表中随意添加（也可以删除）。

现在需要进行一些改动，以适应更多的树莓。第一，check_for_catch 函数需要在所有树莓中循环，并且分别检测每一个树莓是否被接到（之前只需要检测一个树莓）。第二，在主循环中，需要将它们分别更新，并且以循环的形式显示。

小 结

pygame 有很多值得学习的内容，它的官网是：*www.pygame.org*。在官网中可以找到更多的资源与简单的小游戏，你可以试试运行，或者对它们进行修改。

第 9 章

连接硬件

Interfacing Hardware

在 Raspberry Pi 的一边有一组双排排针，这些排针被称为 GPIO（General Purpose Input/Output，通用输入 / 输出）接口，通过这个接口，可以把 Pi 与其他电子硬件设备相连，就像使用 USB 接口那样。

很多创客社区或电子爱好者社区都已经开发了很多扩展版，这些扩展版可以直接安装到 Pi 上，然后就可以把一些电子元器件直接连接在上面，如一些简单的温度传感器或继电器，甚至可以把 Raspberry Pi 做成机器人控制器。

本章着重介绍一些关于如何使用 GPIO 接口的知识。当然，介绍中尽量使用一些当前最新的电子产品，方便读者购买。但是，现在的电子设备的演变速度很快，所以，介绍时也尽量保证跟上时代的步伐。

另外，本章已经尽量选择一些具有代表性的硬件，但是，哪怕是型号和版本完全一样的硬件，也有可能发生意外，所以需要深入了解一下，然后再做决定，这样不仅能够保证使用起来很顺手，也有助于学习。

连接 GPIO

图 9.1 展示的就是 Raspberry Pi 上的 GPIO 接口。这些 GPIO 接口的排针可以用于通用输入 / 输出。换句话说，任何引脚都可以用于输入或输出。如果某引脚被用于输入，可以测试其是否被设置为“1”（电压高于 1.7V）或“0”（电压低于 1.7V）。这里需要注

意的是，所有的GPIO接口引脚都是3.3V的，如果把它接在高于3.3V电压，很容易对 Raspberry Pi 造成伤害。

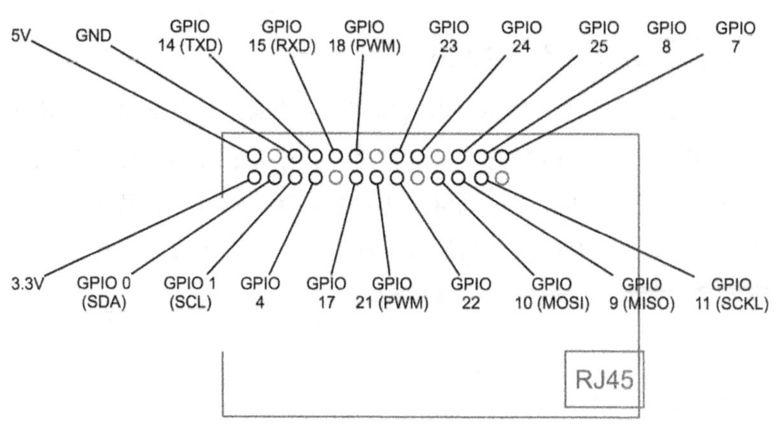

图9.1 GPIO 排针接口

当把某引脚设置成输出时，可以设置为 0V 或 3.3V（逻辑值为 0 或 1）。这些引脚只可以提供或支撑很小的电流（一般来说，5mA 比较安全），所以，可以通过串联高阻值电阻（如 1kΩ）后点亮 LED。此时你或许会注意到，有些 GPIO 引脚的名字后面有一个圆括号，里面有其他的字母。这些引脚都是有特殊用途的。例如，GPIO0 与 1 有另外的名字，叫做 SDA 和 SCL。它们分别是 I^2C 这种串行总线的时钟和数据线，I^2C 总线可以用于与温度传感器交换数据，或者连接 LCD 显示器。另外，I^2C 串行总线会被用于接下来将要涉及的 Pi Face 和 Slice of PI/O。

GPIO14 和 15 是用于 Raspberry Pi 串行端口的 Rx 和 Tx（接收与传输）。另一种形式的串口通信是通过 GPIO9~11（MISO、MOSI 和 SCLK）。这种串口连接叫做 SPI。

最后，GPIO18 和 21 都叫做 PWM，意思是脉冲宽度调制（pulse

width modulation）。这个技术可以控制电动机的转速和转矩，以及LED 的明暗，等等。

直接连接 GPIO 排针

只要多加小心，还是可以直接把一些简单的电子元器件连接在GPIO 排针上，如 LED 之类的。但是，你必须首先清楚在干什么，以及相对应的后果，否则很有可能损坏 Raspberry Pi。其实，把电子元件连接到 GPIO 接口与后续“原型板”小节中介绍的连接方式本质是一样的。

扩展板

扩展板一般都有螺栓型端子，并且已经焊好了一定数量的元器件，供在教学领域和对电子行业接触较少的人使用。总体而言，这种板子无需焊接就可以直接使用，而且会缓冲 Raspberry Pi 的硬件连接，极大地降低了 Raspberry Pi 被损害的风险。如果发生短路，只会把扩展板弄坏，但是 Raspberry Pi 会安然无恙。

本节主要介绍几种比较流行的扩展板，以及它们的特点和使用方法。而且，还会选择一块板子来制作一个小机器人，具体方法将在第 11 章详细介绍。

Pi Face

图 9.2 展示的就是 Pi Face，这款扩展板主要用于教学。它是由英国曼彻斯特大学开发的，不仅提供了一个非常有用的硬件平台，还提供了非常便于使用的 Python 库，集成了 Scratch 编程环境。Pi Face 可以安在 Raspberry Pi 上，并且提供螺栓型端子用于连接设备。它并没有直接用 GPIO 排针，而是用 MCP23S17 端口扩展芯片

与 I^2C 串行端口通信。这样，在扩展板上便有 8 个输入接口和 8 个输出接口，但是只占用了 Raspberry Pi 上的两个 GPIO 接口。而且它使用 Darlington 驱动 IC 扩流，使得电流最高能达到 500mA，足以直接点亮一个 1W 的 LED。

图9.2 Pi Face 扩展板

扩展板上的输出设备包括两个继电器，可以用来控制高负载电流。每个继电器都有一个 LED 指示灯，当继电器被启动时，LED 指示灯就会亮起来。而且，它还有两个独立的 LED 指示灯。在 4 个输入接口旁边还有按钮开关。

Pi Face 还有自己的 Python 模块，使得扩展板在使用时更加简易。在 Python 控制台里输入以下程序，就会看到如何读取数字输入引脚 2:

```
>>> import piface.pfio as pfio
>>> pfio.init()
>>> pfio.digital_read(2)
0
```

用下面的代码打开数字输出引脚 2：

```
>>> pfio.digital_write(2, 1)
```

LED 指示灯和继电器都有自己的控制函数。下面这个程序就是点亮 LED1，然后关闭，打开继电器 1：

```
>>> led1 = pfio.LED(1)
>>> led1.turn_on()
>>> led1.turn_off()
>>> relay = pfio.Relay(1)
>>> relay.turn_on()
```

若想使用这个库，需要先下载并且安装。在网址（*https://github.com/thomasmacpherson/piface*）中可以找到下载程序、相关文档、简单的例程和项目代码。还可以在网站（*http://pi.cs.man.ac.uk/interface.htm*）找到更多关于这个项目的信息。

Slice of PI/O

图 9.3 中显示的是 Slice of PI/O，一块很小并且功耗很低的扩展板。它与 Pi Face 一样，用 MCP23S17 端口扩展芯片提供 8 个缓冲输入和 8 个缓冲输出。不过它没有像 Pi Face 那样使用 Darlington 驱动，所以无法承受大功率负载。MCP23S17 的最大电流承受力是 25mA，也就刚刚足够驱动一个带有合适串联电阻的 LED 罢了，根本带不动继电器。

这块扩展板还有一个优点，就是所有的 I/O 引脚都在板子的边缘，而且 16 个 I/O 引脚中不论哪一个都可以用作输入或输出。

Slice of PI/O 的特点如下：

- 6 个双向缓冲 I/O 连接器；
- 选择 3.3V 或 5V 的跳线；
- 导出 Raspberry Pi 的 I^2C 和 SPI 串口连接（注意，无缓冲）；
- 导出 Raspberry Pi GPIO0~7。

图9.3 Slice of PI/O 扩展板

在写作本书时，这块板子还没有 Python 模块。但是，当你看到这本书时，Raspberry Pi 社区一定已经把这个 Python 模块做出来了。

RaspiRobotBoard

这里首先得声明一下，这是作者最酷爱的一块 Raspberry Pi 扩展板（图 9.4），因为它是本书作者设计的。这个扩展板重点是要把 Raspberry Pi 做成一个机器人控制器。为了达到这样的目的，添加了一个电动机控制器，这样就能控制两个电动机的方向（主要是为了控制轮子）。

图9.4 RaspiRobotBoard 扩展板

这块扩展板的另一个特色就是电源范围很广，6~9V 都可以，甚至 4 节 AA 电池都行，这样就能够很好地适应各种机器人平台。同样，RaspiRobotBoard 也提供了两个不同类型的接口，一个打算用来连接超声波测距模块的扩展板。这块板子有一对输入开关、两个 LED、一对有缓冲的输出接口，可以用来驱动其他 LED 或低电压负载的元器件。该扩展板将在第 11 章再详细介绍。

Gertboard

Gertboard 是博通公司的 Gert van Loo 设计的，所以目前来说，它是最官方化的 Raspberry Pi 扩展板（图 9.5）。

Gertboard 是各类扩展板中的王者，主要特点如下：

- GPIO 排针的区域可以连接不同的模块；
- ATmega（类似 Arduino）的微控制器；
- SPI 模数转换与数模转换转换器；
- 电动机控制器（与 RaspiRobotBoard 类似）；

- 500mA 集电极开路输出（与 Pi Face 类似）；
- 12 个 LED 和 3 个按键。

图9.5 Gertboard 扩展板

原型板

与扩展板不同的是，原型板通常都需要自己焊接，你得有一些电子方面的知识和常识。原型板同样能够直接连接到 Raspberry Pi 的主芯片引脚，但是，如果某些地方出现问题，那你的 Raspberry Pi 就危险了。所以，这类板子是给有经验的电子爱好者准备的——

或者说非常小心，再或者根本不在乎 Raspberry Pi 的人也可以用……

在这些原型板中，有一块名为 Cobbler 的，事实上它并不是一块板子，而是一个可以使 GPIO 接口连接到万用板的工具。通过 Cobbler，就可以在面包板上直接插上所需的元器件，而不需要进行焊接（图 9.6）。这样大家就可看出，扩展板与这种原型板有很大的不同，下一节用 Cobbler 来具体介绍这种方法。

图9.6 Adafruit Pi Cobbler

Pi Cobbler

Pi Cobbler 最早是由 Adafruit（*www.adafruit.com/products/914*）发布的，而且它的发布是以散件的形式，所以，当拿到的时候，必须自己把这些零件焊在一起。当然，焊接起来并不难，而且，基本所有的东西都是组装好的，把带有 26 针排针的一面直接插在面包板上就行（图 9.6）。在 Cobbler 板子的正面是 26 针排母，可以用来与排线相连，这样就可以把 Raspberry Pi 的 GPIO 接口排针直接接到面包板上。

Pi Plate

图 9.7 所展示的是 Pi Plate，是 Adafruit 的另一款产品（*https://www.adafruit.com/products/801*）。该原型板的中部空间相当大，你可以随心所欲地焊接所需的元器件，而且在板子的四周都是螺栓型端子，可以用它们来连接板子内容不下的元器件，如电动机之类的。在板子的一角有一片区域是用来焊接 IC 的，并且它旁边的针孔解决了 IC 引脚的适配问题。

图9.7 Adafruit Pi Plate

Humble Pi

图 9.8 展示的 Humble Pi 与 Pi Plate 十分相似，但是前者表面并没有焊接任何东西。其实这正是开发者最早的考虑，因为这样你就可以自己选择稳压器和电源了，你能够更自由地使 Pi 兼容 5V，甚至外接电源。

图9.8 Humble Pi

Arduino 与 Pi

虽然 Raspberry Pi 可以用做微型控制器来控制电动机等，但是这并不是其设计初衷。这就是为什么 GPIO 接口不能直接提供足值的驱动电流，甚至还很容易被损害。也正是因为这样，才产生了这些扩展板。

从另一个方面来看，Arduino 的设计理念就显得更加结实，因为 Arduino 就是为了驱动和控制电子设备而设计的（图 9.9）。更加重要的是，Arduino 有模拟输入，这样就可以测量接口上的电压大小，如用于读取温度传感器的值。

Arduino 其实并不智能，当时的主要设计是通过 USB 接口与计算机主机通信，所以，它本身没有操作系统。这样一来，Arduino 与 Raspberry Pi 可以完美结合了。一方面，Arduino 可以保护 Raspberry Pi 不受其他电子硬件的伤害；另一方面，Raspberry Pi 可以当做小型计算机主机为 Arduino 接收信息和发布命令。

如果你身边正好有一块 Arduino，可以试一下这段程序。这段代码主要用于给 Arduino 发信息，让它点亮板载 LED。只要实现了这个效果，就可以用 Raspberry Pi 控制 Arduino Sketch。而且还可以

在 Raspberry Pi 上运行 Python，这样就能实现一些很复杂的功能了。

图9.9 Raspberry Pi 与 Arduino板相连

这些例子都是在熟悉 Arduino 的情况下才能看懂的，如果你还不熟悉，最好找一些关于 Arduino 的书看一下。作者也写作过一些关于 Arduino 的书，如《*Arduino* 编程从零开始》和《创客学堂：*Arduino* 项目 30 例》。

Arduino 与 Pi 的互动

为了让 Arduino 与 Pi 能互动，此次将在 Pi 上使用一条 USB 连接线。因为 Arduino 大概只需要 50mA 的电流，而且本次实验中也没有连接任何外部电子设备，所以，Pi 上的电流足够用来驱动 Arduino。

Arduino 上的程序

首先要做的是，把下面这段 Arduino Sketch 写入 Arduino。一般来说，大家都会在计算机中做这件事，因为在写作本书时，只有一款非常老的 Arduino 软件可以在 Raspberry Pi 上使用。下面这段脚本可以在 PiTest.info 的下载页面找到：

```
// Pi and Arduino

const int ledPin = 13;

void setup()
{
  pinMode(ledPin, OUTPUT);
  Serial.begin(9600);
}

void loop()
{
  Serial.println("Hello Pi");
  if (Serial.available())
  {
    flash(Serial.read() - '0');
  }
  delay(1000);
}

void flash(int n)
{
  for (int i = 0; i < n; i++)
  {
    digitalWrite(ledPin, HIGH);
    delay(100);
    digitalWrite(ledPin, LOW);
    delay(100);
  }
}
```

这个简单的 Sketch 只有 3 个函数，`setup` 函数将串口通信初始化，并且设置连接 LED 的引脚 13 进入输出模式。这个引脚连接的是 Arduino 上的板载 LED。Loop 函数是重复循环，直到 Arduino 被关闭。它首先会发送一条“Hello Pi”信息到 Raspberry Pi，然后检查能否从 Pi 收到信息：如果收到信息（只是 1 位数），就会用 Flash 函数让 LED 闪烁多次。

Raspberry Pi 上的软件

Raspberry Pi 上运行的用于与 Arduino 通信的 Python 代码更加简单，安全可以直接在 Python 控制台上运行，但是，需要先安装 PiSerial 包来让它们进行通信。这个安装包的安装过程与之前进行过的操作也很类似——就是从网址 *http://sourceforge.net/projects/pyserial/files/latest/download?source=files* 下载压缩包。

然后，把压缩包解压出来：

```
tar -xzf pyserial-2.5.tar.gz
```

现在有了一个新文件夹，用 cd 命令进入其中，然后运行 install 命令（记得查看一下介绍文件，看看在安装之前有没有需要做的）。一切准备就绪以后就可以运行模块安装器了，如下所示：

```
cd pyserial-2.5
sudo python setup.py install
```

安装完成之后，就可以把这个模块从 Python Shell 导入了。现在从 Linux 终端下切换到 Python 控制台，然后输入：

```
import serial
ser = serial.Serial('/dev/ttyACM0', 9600)
```

这段代码打开了 Arduino 的 USB 串口，而且波特率为 9600。

现在需要创建一段循环，以便监听从 Arduino 发送的信息：

```
while 1 :
  ser.readline()
```

输入第二行之后，需要敲两下回车键，信息是不是显示出来了？在 Arduino 的窗口里会跳出几行蓝色字体，而当按下 Ctrl+C 键时，Arduino 才会停止跳出信息，还会弹出几行报错信息。

接下来，在 Python 控制台里输入这行：

```
ser.write('5')
```

这样就会让 LED 闪烁 5 次。

小 结

本章大体介绍了几个 Raspberry Pi 相关电子硬件的内容。而在后面的两章里，我们会用不同的硬件来分别完成两个项目——第一个用 Adafruit Cobbler 与面包板，第二个用 RaspiRobotBoard 控制一个小机器人。

第 10 章

原型项目（时钟）

Prototyping Project(Clock)

本章将介绍如何制作一个 LED 电子时钟。所需零件：Raspberry Pi、Adafruit Cobbler、面包板、4 位 LED 显示器（图 10.1）。

图10.1 用Raspberry Pi 做的LED时钟

在设计这个时钟的阶段一，它只能显示时间。但是，阶段二为它添加了一个按键，当按键按下时，显示模式会在时、分、秒与日期之间切换。

所需零件

为了完成这个项目，需要表 10.1 中的这些零件。当然，你也可以在网上找找看，其他地方也都有卖的。

表10.1 所需零件

商 品	供应商	售价（美元）
Raspberry Pi	Farnell, RS	35
Pi Cobbler	Adafruit（商品 914）	8
Adafruit 4 位 7 段 I^2C 显示器	Adafruit（商品 880）	10
免焊面包板	Adafruit（商 品 64），Sparkfun（SKU PRT-00112），Maplin（AG09K）	5
各种跳线（公对公或实芯线）	Adafruit（商 品 758），Sparkfun（SKU PRT-08431），Maplin（FS66W）	8
PCB 直插式开关	Adafruit（商 品 367），Sparkfun（SKU COM-00097），Maplin（KR92A）	2
* 阶段二选项		

硬件组装

从 Adafruit 上买的 Pi Cobbler 和显示模块都需要焊接以后才能使用。当然，将它们焊接起来并不困难，而且焊接与组装教程在 Adafruit 网站上也可以找到。每个模块都有排针，可以插在面包板的插孔里。

插在面包板上的显示模块只有 4 个引脚（VCC、GND、SDA 和 SCL）。记得要使它们排成一行，这样 VCC 会在面包板的第一列。

Cobbler 有 26 个引脚，但是只会用到其中几个。把 Cobbler 插在面包板的另一端，而且尽可能离得远一些，这样就没有引脚重叠在显示模块的一行。Cobbler 连接器的一边是有小缺口的，因此排线就只能从一个方向插入。缺口的方向朝着面包板的顶端，如图 10.2 所示。

图10.2 面包板布局

面包板插孔的底部有一排排导线，把一列中的 5 行插孔连接在一起。注意在图 10.2 中，由于面包板是横着放的，所以这里说的“行”在图中是垂直分布的。

图 10.2 显示了面包板上插着 4 引脚 4 位数码管，另一端插着 Cobbler。按照本章的教程来做，有助于你用图 10.2 的方式把自己的模块插在上面。

在把 Cobbler 插在面包板上时，在面包板上用跳线比在 Cobbler 上用排线更方便。

组装过程中需要用到的连接线见表 10.2。

表中的颜色只是一个建议，一般来说，都会把红色定为正极，黑色或蓝色定为地线。

表10.2

推荐的线色	头	尾
黑	Cobbler GND	显屏 GND（左数第 2 个引脚）
红	Cobbler 5V0	显屏 VCC（最左侧的引脚）
橙	Cobbler SDA0	显屏 SDA（左数第 3 个引脚）
黄	Cobbler SCL0	显屏 SCL（最右侧的引脚）

在这个项目里，5V 显示模块接在 Raspberry Pi 上，但是 Raspberry Pi 本身只用 3.3V。之所以能够使用它，是因为把显示模块这个器件作为从设备，因此，它只监听 SDA 和 SCL。其他的 I^2C 设备可能会作为主设备来用，一旦使用 5V，那 Raspberry Pi 就彻底被损坏了。所以，当把 I^2C 设备接在 Raspberry Pi 上时，一定要想清楚。

现在用 Cobbler 自带的排线把 Cobbler 和 Raspberry Pi 连在一起。在做这一步操作的时候，一定要记得把 Raspberry Pi 断电。而且，只有一种方式能将这些线用在 Cobbler 上，但是对 Raspberry Pi 就没有保护作用了。因此，当把红线接出 Raspberry Pi 时，一定要像图 10.1 那样，反复检查好。

打开 Raspberry Pi，如果 LED 不亮，立马断电，检查所有接线。

软 件

当一切都连接好以后，Raspberry Pi 就可以启动了，但是，这时的显示依然是空屏，因为还没有安装软件。下面就用它来制作一个简易的时钟来显示 Raspberry Pi 的系统时间。因为 Raspberry Pi 本身并没有内置时钟，但是，当它连接到互联网时，会自动同步网络时间。

Raspberry Pi 的时间显示在屏幕右下角。如果 Pi 没有连接到互联网，可以用下面的命令手动设置时间：

```
sudo date -s "Aug 24 12:15"
```

但是，如果选择这种方式，那每次重启都需要重新设置时间。所以，建议将 Raspberry Pi 连接到互联网。

当把 Raspberry Pi 连接到互联网之后就会发现，虽然时间里的分钟是对的，但是小时却是错误的。不要着急，这是因为还没有对 Raspberry Pi 设置时区。可以用下面这个命令来设置时区，输入这个命令之后，就会打开一个窗口，选择相应的时区。

```
sudo dpkg-reconfigure tzdata
```

截至本书写作时，为了使用显示模块用的 I^2C 总线，Raspbian Wheezy 发行版中需要几个特殊的命令，只有这样，I^2C 总线才能够连接到将要写的 Python 程序里。当然，在后面发行的 Raspbian 版本很有可能会增加这个功能，到时可能就不需要输入这个命令了。

```
sudo apt-get install python-smbus
sudo modprobe i2c-dev
sudo modprobe i2c-bcm2708
```

你可能发现每次重启 Raspberry Pi 之后，都得重新输入最后两行命令。

现在 Raspberry Pi 设置了正确的时间，而且 I^2C 总线也已经设置正常了，可以写一个 Python 程序，然后把时间显示在显示器上。

为了简化这个过程，作者做了一个 Python 库模块。你可以从网站 *http://code.google.com/p/i2c7segment/downloads/list* 下载。

跟其他一些模块的安装过程一样，需要先获取安装文件，然后解压出来（用 tar – xzf），然后在 Python 2 下面用这些命令安装：

```
sudo python setup.py install
```

时钟程序也在本书的配套程序包中（详见 *www.raspberrypibook.com*），名为 *10_01_clock.py*，代码列举如下所示：

```
import i2c7segment as display
import time

disp = display.Adafruit7Segment()

while True:
  h = time.localtime().tm_hour
  m = time.localtime().tm_min
  disp.print_int(h * 100 + m)
  disp.draw_colon(True)
  disp.write_display()
  time.sleep(0.5)
  disp.draw_colon(False)
disp.write_display()
time.sleep(0.5)
```

这个程序既简单又漂亮，而且循环一直不停地循环输出小时和分钟，而且显示在显示器上。它主要是把小时数乘以 100，这样就可以把它移动到小数点的左边，然后再把分钟显示在小数点的右边。

这个 *i2c7segment* 库基本上能够解决大部分问题了。而且，这个库主要是使用 `print_int` 或 `draw_colon` 设置第一次显示的内容，然后用 `write_dispaly` 更新显示内容。

冒号的闪烁也是通过启动、等半秒、关闭、再等半秒、再启动……这样一个循环产生的。因为 I^2C 端口只能由超级用户来连接，所以需要用超级用户的身份输入以下命令：

```
sudo python 10_01_clock.py
```

如果一切都正常，显示器就可以显示时间了。

阶段二

如果已经完成基本的时间显示，那就在硬件和软件上来一个双重飞跃吧。这次给这个项目添加一个按键，用来调整显示模式，在显示时、分、秒、日期之间切换。图 10.3 展示了安装开关之后的面包板和两条新导线，这里只是在阶段一的基础上加了一个按键，其他的暂时不变。

图10.3 在设计上加个按键

在“折腾”你的 Raspberry Pi 之前，一定记得要把电断掉。

这个按键有 4 个引脚，而且必须被放在合适的位置，否则，开关会一直处于关闭状态。在图 10.3 中，引脚会露出一部分，这样就可以大体了解它是哪条线与它相接。暂时用不着担心开关是否装错了位置，因为它不会对任何元器件造成伤害。如果装错了，就算不按按键，它也会不停地切换。

有两条新的导线需要连接到开关上，一条从开关引脚上连接到显示器的 GND；另一条连接到 Cobbler 的 17# 引脚。这样做的效果就是不管什么时候，只要开关被按下，Raspberry Pi 的 GPIO17 都会连接到地线。

更新软件在 *10_02_fancy_clock.py* 中，代码列举如下：

```
import i2c7segment as display
import time
import RPi.GPIO as io

switch_pin = 17
io.setmode(io.BCM)
io.setup(switch_pin, io.IN, pull_up_down=io.PUD_UP)
disp = display.Adafruit7Segment()

time_mode, seconds_mode, date_mode = range(3)
disp_mode = time_mode

def display_time():
  h = time.localtime().tm_hour
  m = time.localtime().tm_min
  disp.print_int(h * 100 + m)
  disp.draw_colon(True)
  disp.write_display()
```

```
    time.sleep(0.5)
    disp.draw_colon(False)
    disp.write_display()
    time.sleep(0.5)

def disply_date():
    d = time.localtime().tm_mday
    m = time.localtime().tm_mon
    #disp.print_int(d * 100 + m) # World format
    disp.print_int(m * 100 + d) # US format
    disp.draw_colon(True)
    disp.write_display()
    time.sleep(0.5)

def display_seconds():
    s = time.localtime().tm_sec
    disp.print_str('----')
    disp.print_int(s)
    disp.draw_colon(True)
    disp.write_display()
    time.sleep(0.5)

while True:
    key_pressed = not io.input(switch_pin)
    if key_pressed:
      disp_mode = disp_mode + 1
      if disp_mode > date_mode:
        disp_mode = time_mode
    if disp_mode == time_mode:
        display_time()
    elif disp_mode == seconds_mode:
        display_seconds()
    elif disp_mode == date_mode:
        disply_date()
```

在研究这段代码的过程中，首先要注意一点，就是让 GPIO17 检测按键是否按下，所以需要用到 RPi.GPIO 库。先回忆一下第 5 章学到的安装模块的方法，然后就以这个例子实践一下吧。因此，如果还没安装 RPi.GPIO，就翻到第 5 章好好地温习一遍。

下面，通过这段代码把开关的引脚设置为输入：

```
io.setup(switch_pin, io.IN, pull_up_down=io.PUD_UP)
```

这段命令同样会把内置的上拉电阻打开，以保证输入都是3.3V（高电平）。当按键按下之后，就会切换到低电平。

很多循环里的内容都被细化到display_time这个函数里了。同样，也增加了两个新函数：display_seconds和display_date。

这里有一点很有意思，display_date显示的是美国格式的日期。如果想把它变换为国际格式，让日期在月份前面，需要把以disp.print_int开头的这一行修改一下（参照代码里的注释）。

为了确定目前所用的是哪一种模式，需要在后面几行里添加几个新变量：

```
time_mode, seconds_mode, date_mode = range(3)
disp_mode = time_mode
```

第一行给3个变量赋了不同的值，第二行将time_mode变量的值赋给disp_mode，然后就可以开始使用后面的主循环了。

主循环也做了一些调整，主要是检测按键是否按下。如果被按下了，那么disp_mode就会加1，然后循环显示模式；如果显示模式调到最后，它会重新返回到time_mode。

最后，if段随着显示函数变动，它主要取决于当下的模式是什么，然后会调用下一段。

小 结

这个项目所用到的硬件的用途相当广泛。当把这个项目理解透彻以后，可以用于其他项目，只要稍微调整一下程序，以下这些功能其实都是可以实现的：

- 当前的网络带宽（网速）。
- E-mail 邮箱里的邮件数；
- 倒计时牌；
- 网站访问量。

下一章主要介绍另一个硬件项目，用 Raspberry Pi 来做一个机器人，是不是很期待？那我们继续吧。

第 11 章

Raspi Robot机器人

The RaspiRobot

本章我们将学习如何用 Raspberry Pi 控制机器人，如图 11.1 所示。依靠 USB 无线键盘来给 Pi 发送命令，然后用 Pi 控制机器人底盘上的电动机。如果你喜欢，还可以给机器人添加超声波测距仪，这样，机器人就能知道它距离障碍物还有多远，LCD 显示器上就会显示超声波测距仪的信息。

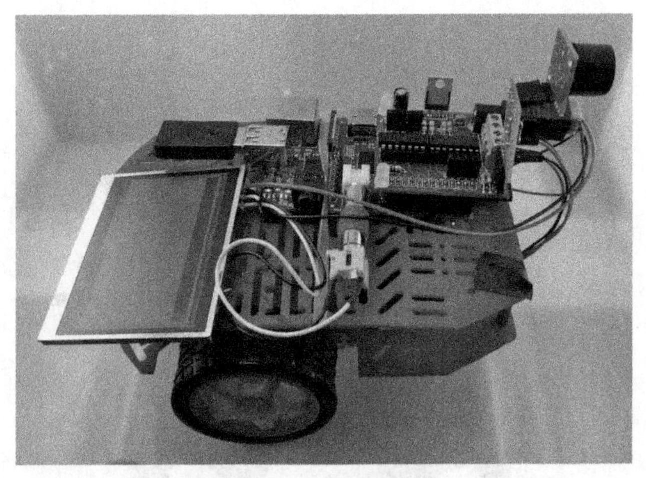

图11.1　Raspi Robot机器人

就像在第 10 章里的项目，这个项目也被分为两个阶段。阶段一，用无线键盘控制机器人移动；阶段二，给它添加显示器和超声波测距仪。

如果电池直接与 RaspiRobotBoard 线路板相连，那也相当于给 Raspberry Pi 供电了。但是，这里要牢

记一点，任何情况下，都不要同时给 Raspberry Pi 和 RaspiRobotBoard 同时供电。只需要把 RaspiRobotBoard 插在 Raspberry Pi 上即可，不要把电动机和电池插在上面。

所需零件

想要完成这个项目，需要准备表 11.1 中的零件。当然，也可以在网上找找看，应该也可以买到这些零件。

表11.1 所需零件

商 品	供应商	售价（美元）
Raspberry Pi	Farnell，Rscomponents，CPC，Newark	35
RaspiRobotBoard	*www.raspirobot.com*	TBA
测距仪串口转换器	*www.raspirobot.com*	5
Maxbotix LV-EZ1 串口测距仪	SparkFun（SEN-00639），Adafruit（商品 172）	25
3.5 英寸 LCD 屏	Adafruit（ 商品 913）	45
RCA 公对公连接器	Adafruit（ 商品 951）	2
Magician 底盘	Sparkfun（ROB-10825)	15
2.1mm 螺栓式电端子连接器（公头）	Adafruit（ 商品 369），Sparkfun（PRT-10288)	2
电池盒 *（可装 6 个 AA 电池）	Adafruit（Product 248），+Newark（63J6606)，Maplins（HQ01B)	5
PP3 式电池夹	Radio Shack（270-324），Maplins（NE19V）	2
6 个 AA 电池（碱性或可充电）		
无线 USB 键盘	计算机商店或者超市	10

* 这个电池盒比我用的要好，它就是 2.1mm 电源插口，不需要 PP3 电池夹它。如果你只想完成阶段一，而且你用的是 Adafruit 的电池盒，也不需要 2.1mm 螺栓式供电端子连接器和 PP3 的电池夹

阶段一：简易版漫步者机器人

图 11.2 展示了一个简易版的漫步者机器人，它的主要零件是

塑料底盘，减速电动机轮子，还有螺丝和螺母。另外，还有一个能装 6 节 AA 电池的电池盒。

图11.2 简易版漫步者机器人

硬件组装

整个项目基本都有现成的套件可以用，所以，在组装的过程中，并没有什么零件需要焊接，因此，也不算特别难。应该说，在整个组装的过程中，最难用的就属螺丝刀了。

第1步：组装底座

为了方便，此次 Magician 机器人底盘套件，该套件有一份详细的组装教程。组装地盘时，需要把里面原装的 4 节 AA 电池盒换成支持 6 节 AA 电池盒（图 11.3）。一般来说，选择有两三个固定螺丝孔的电池盒就行，安装上去之后十分牢固，这样就不用再安装中间支柱了。

如果电池盒只有一个一行电池安装位，可能需要用到 Magician

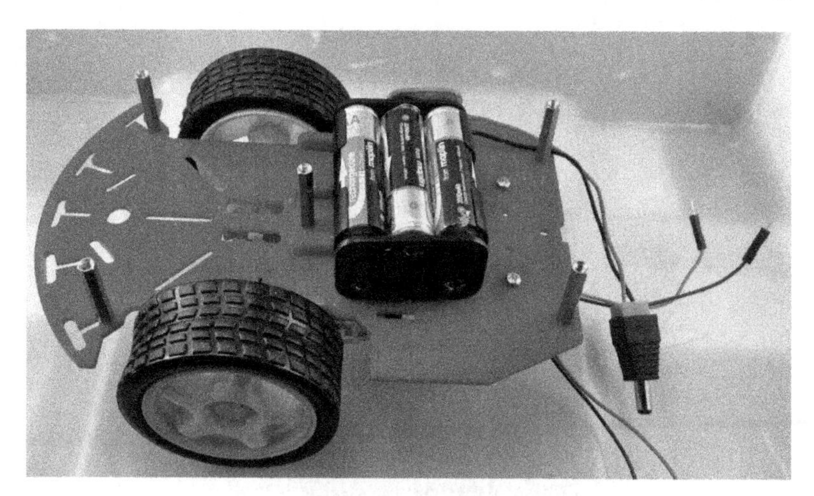

图11.3　更换电池盒

底盘套件中电池盒。

然后，需要把电池盒的电池夹通过导线与电源插头连起来。一定要记得红色代表正极，不要连错电极。

在把底盘的上盖封起来之前，最好在上面缠一圈橡胶圈，这样有利于固定 Raspberry Pi（图 11.2）。

第 2 步: 组装 RaspiRobotBoard

在写作本书时，其实作者不大确定你拿到的 RaspiRobotBoard 是以零件的形式，还是已经组装好的。如果拿到的是一堆零件，可能需要跟着安装说明来一步一步制作这块板子；如果是组装好的，就如图 11.4 所示。

安装说明只是针对第一代的板子，在随后的版本里，接口的位置可能会变，具体信息可以查看本书网站（*www.raspberrypibook.com*）。需要用到的接口都在图 11.4 的板子右侧，顶端的是电源插座，下面是螺栓型接线端子，用来连接左右电动机。

图11.4 RaspiRobotBoard 扩展板

第 3 步: 在 Raspberry Pi 上安装软件

为了控制机器人，需要在 Python 里写一段程序，用来检测按键信息，然后根据按键信息控制机器人的电动机。接下来就会用到 *pygame*，因为 *pygame* 里有一个检测按键是否按下的好办法。

在 Raspberry Pi 连接到底盘之前，需要设置好程序。因此，先把 RaspiRobotBoard 安装在 Raspberry Pi 上，但是先不要连接电动机和电池。先用普通的 USB 电源来启动 Raspberry Pi。

RaspiRobotBoard 有自己的 Python 库，但是还需要用到其他的一些库，所以，在使用之前务必都安装好。首先，需要用到第 5 章和第 10 章里提到的 `RPi.GPIO` 库。还需要用到 `PySerial` 库，关于这个库，可以参考第 9 章 Arduino 部分的一些相关知识。

RaspiRobotBoard 库可以通过网站 *http://code.google.com/p/raspirobotboard/downloads/list* 安装。

安装 RaspiRobotBoard 与安装其他的包是完全一样的，因为在这个项目里要用到 Python 2。安装库时，需要用下面的命令：

```
tar -xzf raspirobotboard-1.0.tar.gz
cd raspirobotboard-1.0
sudo python setup.py install
```

这个版本的 Python 机器人控制程序在文件 *11_01_rover_basic.py* 中，但是运行这个程序需要超级用户权限。因此，可以先试一下（先不要连接电动机），把当前目录切换到 *code* 目录中，再从终端里运行：

```
sudo python 11_01_rover_basic.py
```

这时，应该会弹出一个空白的pygame窗口，并且有两个LED熄灭。之所以可以不安装电动机就测试程序，因为这个程序设置 LED 作为电动机，控制 LED 就相当于控制电动机了。因此，如果按向上方向键，这两个 LED 应该会再次点亮，按空格键就会熄灭。试试左右方向键，LED 会配合着按键点亮：按左键亮左边，按右键亮右边。

由于没有在机器人上连接鼠标和显示器，所以需要调整一下程序，使它在 Raspberry Pi 启动时自动运行。为了实现这个目的，需要在 */home/pi/.config/autostart* 目录下放置一个文件，*raspirobot_basic.desktop*（包含了代码目录）。也可以用文件管理器来实现这项操作，只需要在屏幕顶端的地址栏输入 */home/pi/.config*。这里要注意，以“.”开头的文件和目录在文件管理器中会被隐藏，所以你无法在文件管理器中直接用鼠标点击切换到这个目录中。

如果在 *.config* 目录中没有 autostart 目录，直接创建一个就好了，然后再把 *raspirobot_basic.desktop* 复制进去。这样，重启 Raspberry Pi 时，这个程序就会自动运行。如果一切正常，pygame 窗口会自动弹出并执行。

我们稍后将回过头来看这个项目的代码，但是现在让我们继续往下走，先组装机器。

第 4 步：连接电动机

先关闭 Raspberry Pi，然后断开电源。一定要让这两块板子远离电池，因为一旦不小心连接上，都有可能出现“意外事故”。把电池装在电池盒里，然后安装在底盘上。拧紧螺丝，封上绝缘胶带，防止 Raspberry Pi 短路。然后，用橡胶圈把 Raspberry Pi 固定在底盘上。最后把电动机连接到接线端子，如图 11.5 所示。

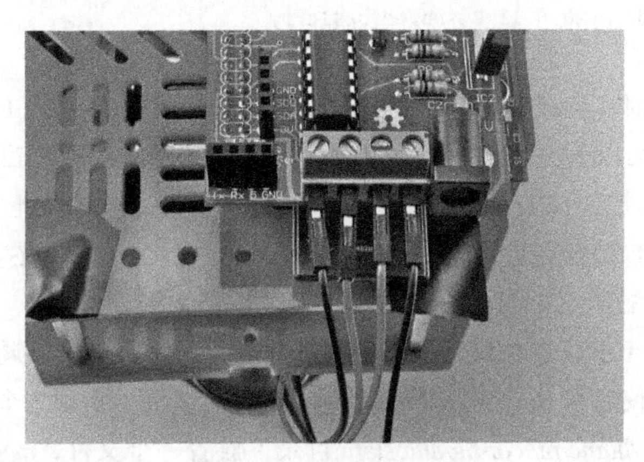

图11.5 连接电动机

每个电动机都有一根红线和一根黑线。先把左侧电动机的黑线连到最左边的接线端子，如图 11.5 所示，红线连接到左数第二个端子；另一个电动机的红线连接到左数第三个端子，黑线连接到最后一个端子。

第 5 步：试走

终于走到这一步了，现在可以试试，把无线键盘的接收器插在 Pi 上，然后把电池插头插到 RaspiRobotBoard 的电源插座。

Raspberry Pi 的 LED 应该会开始闪烁，表明它已经启动；如果 LED 不闪烁，马上断开电源检查。

开始时，RaspiRobotBoard 的 LED 应该都亮着，但是当 Python 程序开始运行之后应该都会灭掉。再等一两秒，等程序运行起来以后，按一下键盘上的方向键和空格键。机器人应该会晃晃悠悠地行走了。

软件部分

代码如下：

```
from raspirobotboard import *
import pygame
import sys
from pygame.locals import *

rr = RaspiRobot()

pygame.init()
screen = pygame.display.set_mode((640, 480))
pygame.display.set_caption('RaspiRobot')
pygame.mouse.set_visible(0)

while True:
  for event in pygame.event.get():
    if event.type == QUIT:
    sys.exit()
  if event.type == KEYDOWN:
    if event.key == K_UP:
      rr.forward()
      rr.set_led1(True)
      rr.set_led2(True)
    elif event.key == K_DOWN:
      rr.set_led1(True)
      rr.set_led2(True)
      rr.reverse()
    elif event.key == K_RIGHT:
      rr.set_led1(False)
      rr.set_led2(True)
```

```
            rr.right()
          elif event.key == K_LEFT:
            rr.set_led1(True)
            rr.set_led2(False)
            rr.left()
          elif event.key == K_SPACE:
            rr.stop()
            rr.set_led1(False)
            rr.set_led2(False)
```

如果跳过第 8 章的 pygame 部分，可能会导致看不懂这些代码。

这个程序首先导入了所需的库模块。然后创建 RaspiRobot 类的实例，并把它赋值给变量 rr。主循环首先检查 QUIT 事件，如果遇到 QUIT 事件，就退出程序。循环的剩下部分都是关于检测按键和处理按键命令。例如，向上的方向键按下时，RaspiRobot 会发出 forward 命令，驱动两个电动机都往前转，并且 LED 也亮起来。

阶段二：添加超声波测距仪和显示器

完成了阶段二之后，RaspiRobot 看起来就会如图 11.1 所示。如果想继续改进 RaspiRobot，记得要先断开电源，这样就可以开始我们的第二段里程了。

第 1 步：组装超声波测距仪串口适配器

图 11.6 是串口超声波测距模块，它输出的是反相信号，因此使用时，必须适配一块带有分立晶体管和电阻的小板子，把反相信号转化为正常的信号。这块小适配板的安装手册可以在本书网站（*www.raspberrypibook.com*）找到。

图11.6 测距仪串口适配器和测距仪模块

超声波测距模块需要安装在适配器顶部，而适配器的底部是串口接口，如图 11.7 所示。

图11.7 组装测距仪和适配器

第 2 步: 安装显示器

LCD 显示器有两部分：显示屏本身和驱动板，它们通过屏线连接。这里用自粘垫把它们连接在一起，连起时，一定要快、轻、稳，尤其是显示屏。

显示器屏本身是有电源线的（红色和黑色），也有 RCA 线。为了使整体外观看起来更精巧，可以剪掉一组 RCA 插头，如图 11.8 所示。如果觉得这样太危险，也可以把它固定在某个地方，只要让它看起来别太臃肿就好。

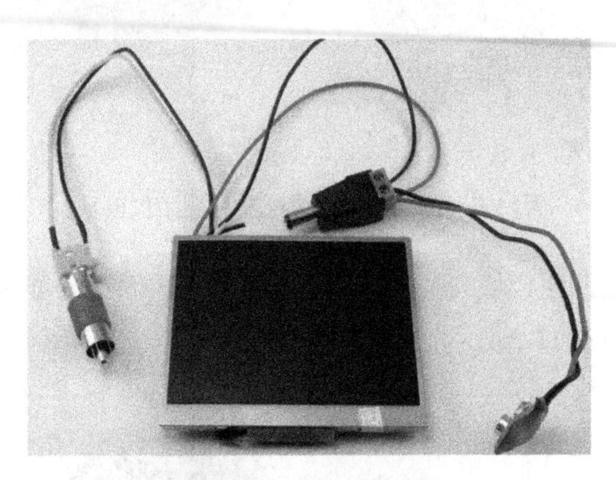

图11.8　显示屏接线

剩下的一组 RCA 线接一个公对公的 RCA 插头。然后将显示器电源线接到螺栓型接线端子，再从接线端子引出相同颜色的两条线到电池夹。如果电池盒有接线端子，可以直接把对应颜色的线连起来，然后用绝缘胶带包好。这样，这些线就可以从电池夹里引出。这个项目的接线图见图 11.9。

这样接线方法的优点是，即使断开 RaspiRobotBoard 的电源，显示器也与电池保持连接。所以，要利用电池盒的电池夹开关机器人。

很多爱冒险的读者也许想加一个更加高级的开关。

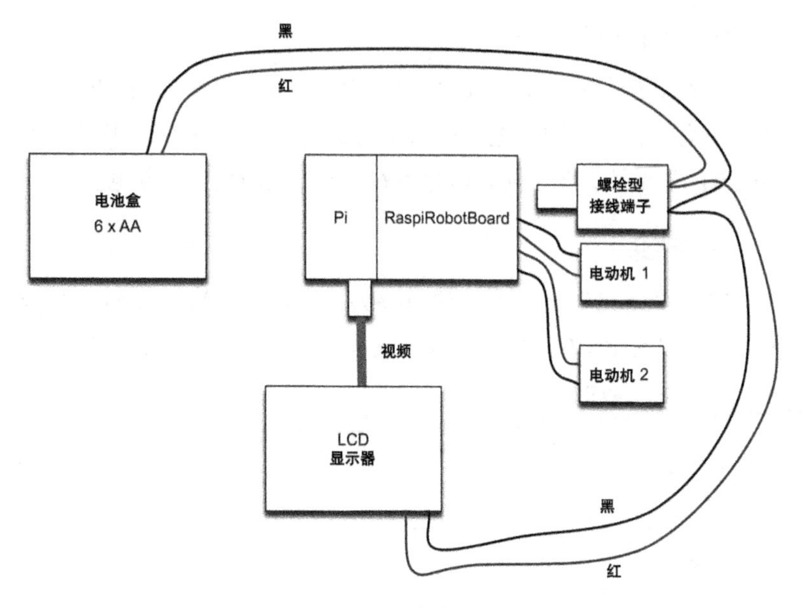

图11.9　接线图

用胶把显示器粘在底盘上并不是一个好办法，如果有合适的塑料托架应该会更好。

第 3 步: 更新软件

接下来需要做的就是更新软件，程序在文件 *11_02_rover_plus.py* 里。还需要重新设置一下这个程序，复制文件 *raspirobot_plus.desktop* 到 */home/pi/.config/autostart* 路径下，然后删除 *raspirobot_basic.desktop* 文件。否则，两个程序都会启动。

本阶段的 Raspberry Pi 配备了显示器和键盘，所以，可以依靠这个小屏幕和键盘来完成刚才的操作。还得提醒一下，如果觉得这样太难，那还是乖乖地断开电源，卸下电动机，关闭 Raspberry Pi，然后用正常的显示器、键盘和鼠标，连接 USB 电源来重新启动 Raspberry Pi。

第 4 步: 运行

又到了最后一步，还是像刚才那样，如果 Raspberry Pi 上的 LED 不亮，断开电源检查。Raspberry Pi 会耗电，现在又多了一个很耗电的显示器，为了防止电量浪费，不用的时候必须断电。

软件改进

这个软件相对上一个来说有些大，所以，无法全部列举在这里，你可以在 IDLE 里打开，主要区别是增加了距离检测和显示。get_range 函数如下：

```
def get_range():
  try:
    dist = rr.get_range_inch()
  except:
    dist = 0
  return dist
```

在 RaspiRobot 模块里调用 get_range_inch，这个函数非常简单，不过还是得加上它: 如果超声波测距仪不工作（比如，没插紧），这个函数就会返回值 0。尽管这只是一个例外，但是，这个函数就是为了防止例外的。

update_display 函数首先得到距离信息，然后将以图形界面显示出来，如图 11.10 所示。代码如下：

```
def update_distance():
  dist = get_range()
  if dist == 0:
    return
  message = 'Distance: ' + str(dist) + ' in'
  text_surface = font.render(message, True, (127, 127, 127))
  screen.fill((255, 255, 255))
  screen.blit(text_surface, (100, 100))
```

```
w = screen.get_width() - 20
proximity = ((100 - dist) / 100.0) * w
if proximity < 0:
  proximity = 0
pygame.draw.rect(screen, (0, 255, 0), Rect((10, 10),
  (w, 50)))
pygame.draw.rect(screen, (255, 0, 0),
  Rect((10, 10),(proximity, 50)))
pygame.display.update()
```

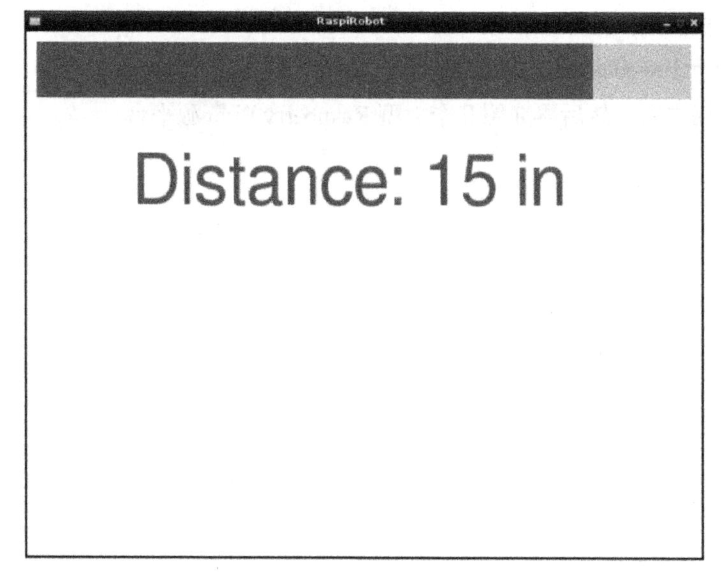

图11.10　RaspiRobot 显示

距离信息在处理以后，会以图形化数据条的方式显示在显示器上。这个图形是这样形成的：通过创建一个固定尺寸的绿色矩形，然后根据距离的远近在里面绘制一个红色矩形。

小 结

通过学习这个项目，你已经有了足够的基础知识，相信只要稍加学习，就可以做出更好的机器人。RaspiRobotBoard 有两个额外的输出接口，可以用来驱动蜂鸣器或其他电子元器件。另外一个有趣的扩展方法是，写一个新的软件，让机器人绕过地上的点，然后用超声波测距仪创建一个室内的声呐图。如果愿意，可以扩展 Raspberry Pi 摄像头模块或无线网卡，甚至可以将它发展成远程监控机器人。

下一章是本书的最后一章，将大体讲一讲 Raspberry Pi 的几个应用方向，然后再介绍几个大型 Raspberry Pi 资源平台。

第12章

学习资源与应用方向

What Next

Raspberry Pi 是一个非常灵活的设备，你几乎可以把它用在任何地方——可以作为备用的台式计算机，媒体播放中心、或者控制系统嵌入式主机。

本章主要介绍 Raspberry Pi 在各个方面的应用前景，希望能够帮助读者更深刻地理解 Raspberry Pi。不管是工作也好，生活也罢，只要 Raspberry Pi 能够提高生活品质或工作效率，它便不失为一个好东西。

Linux 资源

Raspberry Pi 是一个运行 Linux 系统的小型计算机主板。你可以在网上找到很多关于 Linux 的书，里面有很多关于 Linux 的介绍和教程。这里需要提醒一下，一定要选择你所用的Linux发行版的书，就 Raspbian 来说，应该从 Debian 系统方面入手。

除了需要再深入了解文件管理器和程序，还得了解一下如何使用终端和配置 Linux。在这个领域内有一本好书——*The Linux Command Line*，作者是 William E. Shotts,Jr。还有很多优质的 Linux 资源都可以在网上找到，好好利用搜索引擎吧。

Python 资源

Python 也不是完全针对 Raspberry Pi 的，所以可以在网上找到很多相关资源。如果想对 Python 有一个全面的了解，或许应该选择

Python: Visual QuickStart Guide 这本书，作者是 Toby Donaldson。他的书的风格与本书还是很像的，但是，观点却有很大的不同。客观来讲，他的书还是写得不错的，但是也只适合入门。你也可以参考 John Zelle 的 *Python Programming: An Introduction to Computer Science*。

如果对 Pygame 感兴趣，可以看看 Will McGugan 的 *Beginning Game Development with Python and Pygame*，非常有用。

下面列了几个 Python 资源比较丰富的网站，可以把它们添加到浏览器的收藏栏，想学的时候调出来看看。

- ***http://docs.python.org/py3k/*** Python 官网，有完整的教程和资源。
- ***www.pythonware.com/library/tkinter/introduction/*** Tkinter 方面很有用的一个网站。
- ***http://zetcode.com/gui/tkinter/layout/*** 一个关于 Tkinter 的网站。
- ***www.pygame.org*** Pygame 官网，有新闻、教程、素材和一些范例代码。

Raspberry Pi 资源

Raspberry Pi 官网是 *www.raspberrypi.org*。这个网站里有很多有用的信息，并且发布各种有关 Raspberry Pi 的业内新闻。

如果使用过程中遇到了关于 Raspberry Pi 的棘手问题，官网的论坛是最给力的，只要在上面提问，很快就会有热心人帮助解决。不过最好还是不要做“伸手党”，好好利用里面的搜索功能解决问题。如果做了一些自认为了不起的项目，可以挂在上面，也会有人提一些建议来帮助完善你的项目。如果想升级系统，可以在下载页面里找到更新的系统。

Raspberry Pi 从发布到今天已经经历了一个很长的过程了，现在它甚至还有了自己的在线杂志——*MagPi*，都是免费的 PDF，可以随便下载（*www.themagpi.com*），里面包括很多很棒的文章以及一些教程。如果能根据这本杂志把 Pi 玩一遍，你一定会变成 Raspberry Pi 高手。

如果想知道更多关于 Raspberry Pi 硬件使用方面的知识，可以查看下面几个链接。

- ***http://elinux.org/RPi_VerifiedPeripherals*** 与 Raspberry Pi 兼容的外设列表。
- ***http://elinux.org/RPi_Low-level_peripherals*** 与 GPIO 兼容的外设列表。
- ***www.element14.com/community/docs/DOC-43016/*** 博通芯片的数据手册（就是 Raspberry Pi 的主芯片）。

如果你对购买硬件外设和元器件感兴趣，Adafruit 是一个很好的地方，SparkFun 也卖一些 Raspberry Pi 扩展板和模块。

其他编程语言

本书主要使用的编程语言是 Python，因为 Python 从易用性和功能性来说，是二者结合最好的一种语言，在业界比较流行。但是 Python 并不是给 Raspberry Pi 编程的唯一语言。Raspbian Wheezy 发行版还包含了其他几种语言。

Scratch

Scratch 是由 MIT 开发的可视化编程语言，在教育界有很高的声望，因为它对鼓励青少年学习编程的作用很大。Scratch 包含自己的开发环境，就像 Python 的 IDLE 一样。但是 Scratch 的编程是通过像盖房子那样搭建程序结构来实现的，并不是通过简单的文本输入，因此，Scratch 的编程过程就显得更加直观。

图 12.1 展示了用 Scratch 编写一个名为 Pong 的简单游戏的画面。

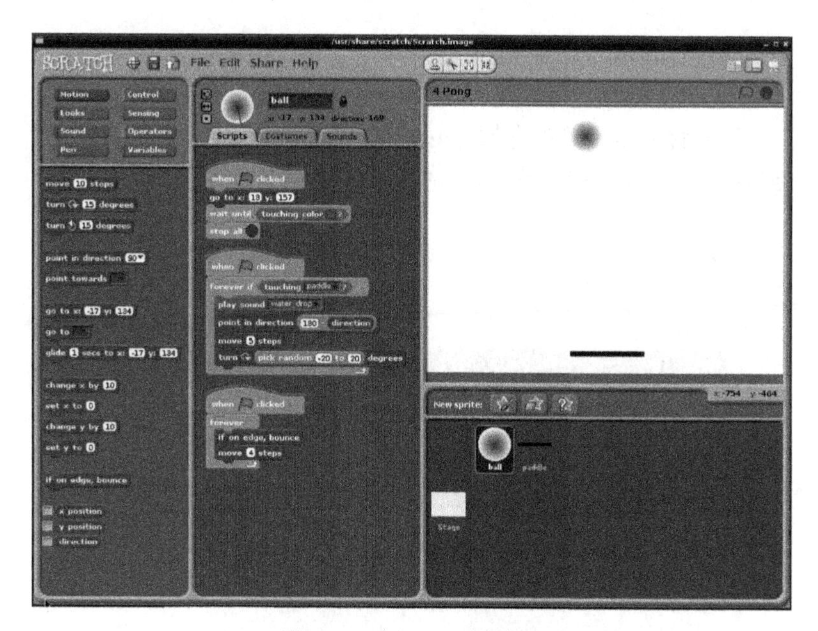

图12.1　在Scratch 下编程

C

C 语言是编写 Linux 的语言，也是 Raspbian Wheezy 发行版 GNU C 编译器的一部分。

下面，在 C 里面写一个"Hello World"小程序。用 IDLE 创建一个文件，然后把下面这些内容写到里面：

```
#include<stdio.h>
main()
{
  printf("\n\nHello World\n\n");
}
```

保存文件，命名为 *hello.c*。然后，在终端里的这个目录下，输入这样一行命令：

```
gcc hello.c -o hello
```

这样就会运行 C 编译器（gcc），把 *hello.c* 转化成可以执行的 hello 程序。可以通过这个命令来执行这个程序：

```
./hello
```

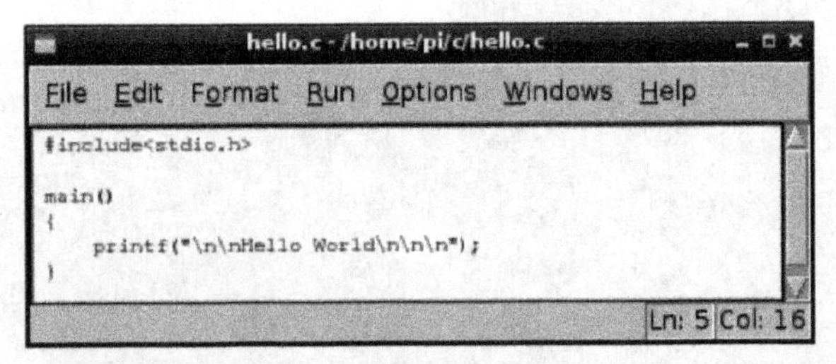

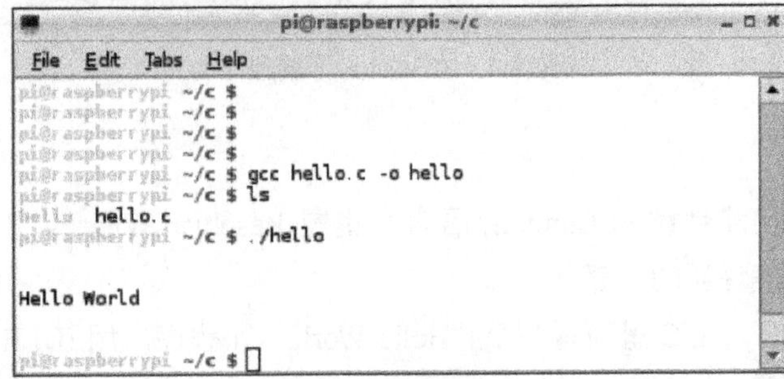

图12.2 编译C语言程序

IDLE 编译器窗口和命令行如图 12.2 所示，在那里可以看到输出结果，需要注意的是“\n”字符代表创建信息附近的空行。

程序和项目

一个像 Raspberry Pi 这样的新技术一旦诞生，就会产生一些聚集狂热爱好者的社区，而这些社区里也不乏一些将 Raspberry Pi 玩出彩的天才。在本书写作时就已经有一些很棒的作品崭露头角了，下面就让我们看一下。

媒体中心（Raspbmc）

Raspbmc 是 Raspberry Pi 的发行版之一，可以把 Raspberry Pi 变成一个用来播放电影和音乐的媒体播放中心。可以用从 iPad 或者其他电子设备上，把想要播放的媒体文件直接分享到局域网内。Raspbmc 基于成熟的 XBMC 项目，这个项目最早的目的是把微软的 XBOX 游戏机变成媒体中心。但是，经过很多人的不懈努力，这个平台现在可以支持很多设备了。

Raspberry Pi 凭借其价格优势，迅速地让人们发现了其作为电视机机顶盒的一个好用处——很多电视机本身有 USB 接口，可以直接给 Raspberry Pi 供电。

你可以在 *www.raspbmc.com/about/* 找到更多关于 Raspbmc 的用法，而且还可以登录 *www.xbmc.org*，该网站的软件和资源更加丰富，而且都是开源的。

智能家居

很多朋友都喜欢拿 Raspberry Pi 做一些小规模的智能家居系统。只需要添加一些传感器和驱动器，或者干脆与 Arduino 直接连接，让 Raspberry Pi 作为一个控制器。

还有很多人把 Raspberry Pi 做成 Web 服务器。这样，在其他地方，只要打开浏览器，就可以控制家中的 Raspberry Pi 实现各种各样功能，如开关灯或空调，等等。

小 结

Raspberry Pi 是一个体积小、成本低，而且变化多端的小设备，可以用在工作和生活中的方方面面，甚至做成一个用电视机浏览网页的家用计算机，相信它的成本一定比你见过的任何一种方法都要低很多。如果真的对它感兴趣，也不妨多买几块，这样可以把它们像乐高积木一样拼接起来，在家里搭建一套 DIY 版的智能家居。

最终，不要忘记经常登录本书网站（*www.raspberrypibook.com*），上面有各种各样的软件可以下载，还有作者的联系方式，以及本书的一些勘误表。